New Wun Ching Developmental Publishing Co., Ltd.

New Age · New Choice · The Best Selected Educational Publications—NEW WCDP

第4版

生死學概論

劉作揖 | 編著

INTRODUCTION TO

LIFE -and- DEATH

STUDIES

FOURTH EDITION

☾ 四版序 PREFACE

人的生命，只有一生一世，沒有再生再世的未來。

人的肉體身軀，一旦失去了生命跡象，停止了心臟的跳動、血液的循環、胸腔的呼吸、腦幹的運作……於是，生命便告終結，再也活不過來、甦醒不起來……。

雖然，信仰佛教理念的信徒，常會安慰懼怕死亡的人，說：人死了，還有再生再世的未來；人可以輪迴人道、再投胎轉世為人，不必害怕死亡……。

只是，人死了，果真有輪迴人道、再投胎轉世為人的來生來世？誰也不敢肯定，誰也未曾體驗過……。

人的生死，是你我不能不關切的問題；人有生，必有死；這父母所孕育的生命，始終受著自然法則的牽引，由生到老、由老到死……誰也不能避免，誰也不能逃脫，誰也不能例外……。

人，永遠無法永生不死、永恆不滅，活到幾百年、幾千年，與山同壽，與天共存。

但你我毋須垂頭喪氣、長吁短嘆，怨生命太短暫，怪投錯娘胎，不該出生為人……。

生命是珍貴的，既然生為人，有了生命，並有身體、器官、組織、細胞等可依附、共存，則必須珍惜自己擁有的生命，善待自己的身軀，切勿虐待自己，糟蹋生命，置生命於不顧。

生死學這門學問，引進國內已有二十年之多，大專院校通識課程開有生死學學科者，畢竟仍有限，期待日後大專院校能重視生死學這門啟發青少年珍惜生命的學科。

講授生死學這門學科的目的，不外在讓現階段的青少年，明瞭生命來自於父母的孕育，不可任意糟蹋；生命是不可替代的寶貝，生命被糟蹋、被犧牲了，沒有第二條生命可取代、可再活；今生今世，你我摧毀了自己的生命，埋葬了自己的夢想，便永遠離開了家園、告別了親友，沒有來生來世的重生與相聚。生命，雖然是短暫的，轉瞬間，人的生命體將邁向老化、年老、衰老……但你我不必因此頹廢喪志、不思努力、奮鬥……。生命，雖然有一天會像蠟燭的火光熄滅一樣，邁向寂滅、死亡的時刻，但你我毋須懼怕死亡的來臨，安然的、愉快的去追尋美好的人生吧！

　　感謝學者、讀者的厚愛、捧場，本書的第三版在學界的採用教本、讀者的自購參閱之情況下，已將告罄，茲值第四版即將付印之際，謹將第三版的錯、漏字以及文句上的瑕疵，略加增刪、修正，敬請多多指正。新文京開發出版股份有限公司的大力推介，以及編輯者為本書的再版所付出的心力，一併在此致謝。

劉作揖　謹識

(序 言 PREFACE

生死學，是一門新興的學科。這一門新興的學科，是由已故哲學家、宗教學家——前美國天普大學傳教授偉勳博士於一九九三年（民國八十二年）引進國內，並將美國的死亡學，更名為生死學。

生死學，引進國內後，迄今不過十年之多；在最初，生死學的提倡與鼓吹，僅限於幾位熱心的學者，生死學理論的宏揚，亦僅限於外文的譯述，而且，數量極為有限；可是，幾年來的提倡與鼓吹，生死學的種子，開始在大學院校萌芽、成長，不但有若干大學將生死學列入選修課程，例如臺灣大學；而且，也有若干學院將生死學列入必修課程，例如臺北護理健康大學……。如今，由於時勢所趨，國內所有大學院校，專科學校均將生死學列入通識課程教授，而高中職校、國中、國小、亦將生命教育融入其他課程講授，顯見生死學課程，已廣獲教育當局及學術機構的重視。

近幾年來，有關生死學課程的教科書，雖然開始於坊間出現，但種類仍嫌太少，不足以因應各大專院校之迫切需要，有鑑於此，筆者決心排除萬難，嘗試撰寫該類書籍，以迎合各方需要，並期能拋磚引玉。為更深一層瞭解生死學的理論，筆者曾以學員身分，在南華大學生死學研究所推廣進修班，修習宗教生死學及佛教生死學等課程，並即著手蒐集報章資料，進行撰寫，時斷、時續，費時甚久，如今終告完稿。

本書的內容，共分為七章。第一章在敘述生死學的引進國內，其性質、研究的主題、研究的目的與任務、生死學的門類及其研究的方法等。第二章在敘述生命的起始、誕生、生長、老化至成長的結束，並對所涉及的生命倫理、禮俗、死亡禁忌、人性尊嚴等問題，加以詳盡說明。第三章在探討自然死亡、人為死亡、意外死亡、疾病死亡等死亡原

因與牽涉的問題。第四章在提倡遺囑的預立，並對器官移植、安樂死、安寧療護（包括臨終關懷）等醫護倫理問題，加以深入的探討。第五章在敘述生命的失落過程並扼要探討悲傷的輔導方法與技術。第六章在敘述生死的概念並闡發死亡教育的理念與實施方法。第七章在敘述從前的喪葬禮俗與現在的多元化發展，並提示喪葬流弊的改革。另依最新公布的殯葬管理條例，闡發殯葬管理的具體作法，援引法例，並與生活相結合。

　　本書之得以出版，應感謝新文京開發出版股份有限公司之厚愛及鼎力相助，謹在此致謝。尚請學者、專家不吝指教。

劉作楫　謹識

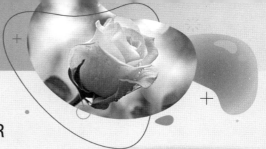

☾ 作者簡介 ABOUT THE AUTHOR

劉作揖

－學 歷－

美國南加州大學榮譽法學博士

全國性高等考試及格

乙等特種考試及格

－經 歷－

曾任職督學

曾任教私立中華醫事科技大學

曾任教私立東方技術學院

－著 作－

少年事件處理法（三民）

法學緒論（三民）

少年觀護工作（五南）

個案研究理論與實務（黎明）

保安處分執行法論（新文京）

法律與人生（五南）

生死學概論（新文京）

刑法總則概論（五南）

個案研究與輔導治療（三民經銷）

－主 編－

幼稚園唱遊教材（文化）

幼稚園工作教材（文化）

● 目 錄 CONTENTS

第 1 章　生死學的新面貌 **1**

第一節　生死學的引進國內 2

第二節　生死學的性質 4

第三節　生死學的七大主題 7

第四節　生死學的目的與任務 9

第五節　生死學的門類 13

第六節　生死學的研究方法 16

第 2 章　生命的起始與成長的結束 **23**

第一節　生命的意義 24

第二節　生命誕生的喜悅 25

第三節　生命衍生的問題 29

第四節　生命成長的禮俗 36

第五節　生命老化的感嘆 44

第六節　生命死亡的無奈 50

第 3 章　死亡的原因與問題的探討 **69**

第一節　自然的死亡 70

第二節　人為的死亡 79

第三節　意外的死亡 91

第四節　疾病的死亡 100

第 **4** 章　**預立遺囑與死生議題**..................................**113**

　　第一節　預立遺囑................................. 114

　　第二節　器官移植................................. 124

　　第三節　安樂死................................... 135

　　第四節　安寧療護................................. 147

第 **5** 章　**生命的失落與悲傷輔導**......................**173**

　　第一節　生命的失落............................... 174

　　第二節　悲傷的輔導............................... 182

第 **6** 章　**認識生死與死亡教育**..........................**193**

　　第一節　認識生死................................. 194

　　第二節　死亡教育................................. 198

第 **7** 章　**喪葬禮俗與殯葬管理**..........................**213**

　　第一節　喪葬禮俗................................. 214

　　第二節　殯葬管理................................. 222

附錄 1　**現代人應有的生死觀念**......................**245**

附錄 2　**漫談人生的旅程：生老病死**..................**253**

建議參考書目..**267**

第 **1** 章

生死學的新面貌

第一節　生死學的引進國內

第二節　生死學的性質

第三節　生死學的七大主題

第四節　生死學的目的與任務

第五節　生死學的門類

第六節　生死學的研究方法

INTRODUCTION TO LIFE–AND–DEATH STUDIES

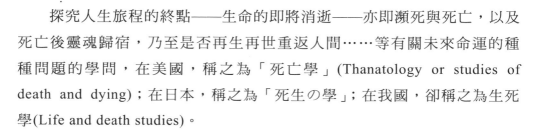

第一節 ☾ 生死學的引進國內

　　探究人生旅程的終點——生命的即將消逝——亦即瀕死與死亡，以及死亡後靈魂歸宿，乃至是否再生再世重返人間……等有關未來命運的種種問題的學問，在美國，稱之為「死亡學」(Thanatology or studies of death and dying)；在日本，稱之為「死生の學」；在我國，卻稱之為生死學(Life and death studies)。

　　為什麼在國內的學術界，將探討人生旅程的生、老、病、死，以及與瀕死、死亡相關的種種議題的學問，稱之為「生死學」呢？例如私立南華大學開設的生死學研究所、開授的生死學課程，都稱為「生死學」；若干大學院校，例如臺灣大學、陽明大學、輔仁大學……等所開授的生死學通識課程，以及臺北護理健康大學所開授的生死學必修課程，也都稱之為生死學，而不仿照美國習稱之為「死亡學」？

　　原來，將美國本土的死亡學，引進國內學術界的，是旅美哲學、宗教學家——前美國費城天普大學宗教學研究所教授——傅偉勳博士。傅教授以其多年講授「死亡與死亡過程」的教學經驗，以及在臨終精神醫學暨治療、哲學、宗教學……等方面累積的研究心得，撰寫了一本「死亡的尊嚴與生命的尊嚴——從臨終精神醫學到現代生死學」的專門著作，並邀集國外擅長英、日文的旅美學者，將有關死亡學的國外名著，翻譯成中文，匯集成叢書，委由有關的出版界——例如三民、東大……等出版公司出版、行銷與推廣，於是，便將盛行於美國的死亡學，引進國內學術界；唯傅教授鑑於「死亡學」一詞，缺乏生命的向度，為了配合「心性體認本位的生死智慧」及「生死是一體兩面」的基本看法，激勵學術界正視死亡問題，並將死亡問題擴充為生死問題，因此，美國的死亡學在國內便轉變為生死學。

生死問題的生死學學問，引進國內學術界後，先是由一些熱情響應的學者，例如楊國樞、鄭石岩……等名流，為文引介、推廣，並大力宣導；繼而，臺大、陽明、淡江、輔仁……等大學院校，亦先後於通識課程中開授生死學選修課程；而前臺北護理健康大學則於必修課程中開授生死學課程；其後（西元 1997 年），私立南華大學則開設生死學研究所，講授有關生死學方面的學問，探討生死問題，蔚成研究風氣。晚近，教育行政當局乃順應學術潮流，於中小學階段試辦生命教育（將生死教育改稱生命教育），融入有關課程中講授（例如健康教育與生活倫理課程是），而國內大專院校更紛紛開授生死學課程，引導學生珍惜生命，建立健全人生觀，於是，探討生、老、病、死的生死學，便在國內植根、發展……。【註 1】

什麼是生死學呢？生死學是研究如何生、如何死的學問呢？還是研究人生旅程中的生、老、病、死諸問題的學問？下面，我們分狹義與廣義兩方面來說明：

一、狹義的生死學說

狹義的生死學說，是從死亡方面加以著眼，而認為生死學是研究瀕死與死亡所涉及的諸問題的學問。例如一個末期病人在瀕臨死亡之際，其內心的痛苦、哀愁、孤獨、不捨、怨嘆……等複雜情緒，非他人所能體會與了悟，在此之際，醫護人員及末期病人的家屬，應如何悉心照顧與關懷？是否可以尊重瀕死者及其家屬的意願，施以安樂死，提前結束其生命？或施以安寧緩和醫療措施，而當瀕死的末期病人在生命危急時，不施以心肺復甦術，任其自然地消失生命跡象？又末期病人在彌留狀態時，是否應延請神職人員，如神父、牧師等為其禱告？或延請助念團為其助念，使其靈性方面能獲得慰藉，死後靈魂能得到安息。且死後的遺體，應如何尊重？如何善後？凡此種種，皆是生死學所探討的問

題，因此，狹義的生死學，是指研究瀕死與死亡所涉及的諸種有關問題的學問。

二、廣義的生死學說

　　廣義的生死學，是從生與死兩方面著眼，認為生死學是一門研究生死問題的學問；或者，更詳盡的說，生死學是一門研究人生旅程中生、老、病、死所面臨的困惑問題，以及所涉及的人性尊嚴、生死教育……等問題的學問。例如生命如何發生？生命如何成長、成熟？生命如何老化？生命權是否可以任意剝奪？代理孕母是否合法？懷孕婦女是否可以自行墮胎？在何種情況下，醫師可以為懷孕婦女施行人工流產？末期病人是否可以施行安樂死？死體器官，如肺臟、腎臟、肝臟……等，是否得以買賣方式，移植於病患者體內？不可治癒的末期病人，是否得以依自己意願，選擇安寧緩和醫療，或於病情危急時，不施以心肺復甦術？對於臨終的瀕死者，醫護人員或其家屬應有何種照顧模式？死亡教育如何推展？殯葬習俗如何改革……等等，凡此種種，自生命誕生以至於死亡的整個人生過程，所牽涉的生、老、病、死的痛苦，以及種種困惑、迫切問題的解決，皆是生死學探討的範圍，所以，廣義的生死學定義，是指探討整個人生過程，所涉及的生、老、病、死的種種困惑問題，這是現代生死學所採用的定義。【註 2】

第二節 ☾ 生死學的性質

　　生死學是一門什麼樣的學科呢？它是與其他學科毫不相關的獨立學科？還是跨越學科界限的綜合學科？它是一種屬於科學性質的學科？還是一種屬於哲學性質的學科？下面，我們一一加以說明：

一、生死學是死亡學的脫胎換骨

　　生死學，在美國稱為死亡學；死亡學，在美國已推展了五十多年，除「性教育」課程廣受學生歡迎外，其次，便是死亡教育課程。死亡學，是探討有關死亡議題的學問，將死亡學引進國內學術界的，是旅美的哲學、宗教學家傅偉勳教授。傅教授鑑於死亡學只探討死亡有關的議題，缺乏生命的向度，譬如生與死是不可分割的一體兩面，有生必有死，探討死亡議題，總離不開生命的闡發；而探討生命的奧祕，也離不開死亡的歸宿議題，為了配合其「心性體認本位的生死智慧」，並順應國內習俗，乃改稱生死學，所以，生死學是死亡學的擴充，生死學是死亡學的脫胎換骨，亦即脫胎換骨的新面貌。

二、生死學是跨學科界限的綜合學科

　　生死學所探討的議題，常常涉及科學與哲學的領域。以科學領域而言，常常涉及的包括自然科學範圍內的生命科學、生物學、生理學、醫學、治療學……等，以及社會科學範圍內的教育學、法律學、社會學、輔導學、諮商學、心理學、管理學……等等。以哲學領域而言，常常涉及的包括人生哲學、倫理學、宗教學……等等。生死學所探討的主題，以現行的通識課程而言，不外生命有關問題、死亡有關問題、生死教育問題、醫護倫理問題、臨終關懷問題、安寧緩和醫療問題、悲傷輔導問題、殯葬習俗問題……等等，倘若生死學所探討的是生命有關問題，則常常涉及生物學、遺傳學、醫學、生理學、乃至人生哲學……等領域的知識；倘若生死學所探討的是瀕死、死亡及死亡尊嚴問題，則常常涉及醫學、護理學、心理學、倫理學、法律學、神學、人生哲學……等領域的知識與技術；又倘若生死學所探討的是醫護倫理問題，則常常涉及生命科學、生物學、生理學、遺傳學、醫學、護理學、倫理學、法律學、社會學……等等，凡此種種，可知生死學是一種跨越學科界限的綜合學科。

三、生死學是哲學與科學合一的學科

　　生死學是一種哲學性質的學科，也是一種科學性質的學科，因此，我們採折衷的觀點，說生死學是哲學與科學合一的學科，譬如生死學若是探討生命的起源、成長與老化、死亡……等議題，因為牽涉及遺傳學、生理學、生物學、醫學、演化學……等自然科學，因此，這些議題是屬於科學的範圍；唯若是探討生命價值、生命意義，以及死後的未來……等議題，因為牽涉到人生哲學、宗教學……等形而上學，因此，這些議題是屬於哲學的範圍。又生死學倘若是在探討醫護倫理（又稱生命倫理）問題，則因為牽涉及醫學、護理學、生命科學、法律學、臨床治療學、倫理道德學……等，故這些議題是屬於科學的範疇，也同樣屬於哲學的一環，例如後者的倫理道德便是。再者，生死學的研究方法，有採用文獻探討法、心得發抒法、問題討論法等，是屬於哲學的方法；有採用問卷調查法、或自然觀察法等，是屬於科學的方法，因此，生死學是哲學與科學合一的學科。【註 3】

四、生死學是一門人人必懂的生死學問

　　生死學引進國內學術界，雖然阻力難免，但是，一經熱心學者之呼籲、推動，現已形成一股學術思潮，國內中小學，不但已試辦生命教育多年，即使大專院校，也都先後開授生死學課程，預料未來，生死學這門新興的學問，當會普及民間，廣植民心，成為人人知悉的生死學問。

第三節 ☾ 生死學的七大主題

　　生死學是一門新興的學科，但其探究的主題，仍不一致，不過，我們認為下面的主題，是一般生死學常探討的知識：

一、生死概念

　　人生的旅程——有生、老、病、死的過程，生是起點，死是終點，既然有生，也必然有死，任何人皆不能避免。生不是由天而降，無緣無故的發生；以人類而言，生是由父母的結合而成，換句話說，生命的誕生，是由父母的情愛交媾而成。什麼是生命？生命的意義如何？生命如何成長、如何老化？又生命為何發生疾病？發生死亡？上述這些生與死的概念，常成為生死學必然探討的主題。

二、醫護倫理

　　醫護倫理，有學者稱之為生命倫理。其實，兩者的理念，大致相同。醫護倫理，是將倫理學上的道德理念，應用在醫療機構的臨床醫護工作上，而醫療機構的醫護任務，以救治病人為第一要務，因此，病患生命權的保障與維護，成為醫護人員的最大職責。有關醫護倫理的探討，常見的有墮胎或人工流產、代理孕母、複製胚胎、基因改造、植物人與安樂死、醫生協助自殺、器官捐贈與移植、末期病人之安寧緩和治療……等問題，皆是生死學探討的主題之一。

三、死亡教育

　　死亡教育，亦稱為生死教育，或稱為生命教育。死亡教育，是運用教育的方法、技術與經驗，並藉助媒體——例如電視、投影機……等教學工具的操作，將影片、VCD 片、DVD 片或投影機軟片資料，呈現在螢幕上，使受教者瞭解死亡徵象或死亡過程，從而能體驗生命的可貴，珍惜

生命、正視死亡，不因死亡問題而焦慮、恐懼，並能建立樂觀、積極、奮鬥的人生觀。因此，死亡教育或生命教育是目前國內各級學校，所重視的一門課程。

四、臨終關懷

臨終關懷是對於即將死亡者，所表現的關心與照顧。臨終者在生命的旅程，即將走到最後一站、最後時刻，其內心的悲傷、哀怨、孤獨、不捨、迷惘……等情緒的感受，非他人所能體會，此時此刻，其家屬或者醫護人員若能陪伴身旁，時時給予關懷與照顧，對臨終者的精神慰藉，不能說毫無幫助，因此，生死學的任務，在探討如何對臨終者，善盡關懷、照顧之熱忱，使其含笑九泉、死得其所，無怨無憾。

五、緩和治療

罹患嚴重傷病的末期病人，或許其病症已不可治癒；或許其病情近期內進展至死亡，已不可避免，但為保障其生命權益，維護其生存權利，仍應施以必要性的醫療急救，不得任意放棄救治，更不得擅自施以安樂死。唯為免除或減輕末期病人的痛苦，得經醫師之許可，並依末期病人及其家屬之意願，施予緩解性、支持性之安寧緩和醫療，或於生命危急時，不施予心肺復甦術，而任其自然的死亡，此為安寧緩和醫療的精神。故生死學除探討臨終關懷之議題外，亦兼及安寧緩和醫療（簡稱安寧療護）的施行措施。

六、悲傷輔導

疾病與死亡，是任何人都不願樂見的一件事，設想一個身體健康的人，突然被醫師告知罹患了絕症，即將面臨死亡、永別人世；這時，我們不難想像：他（她）的內心，是何等的震驚！何等的疑惑！何等的惶

恐！何等的不甘願！甚至下意識的否認、憤怒、埋怨上帝的不公，怪罪上帝為什麼把惡運偏偏降臨在他（她）的身上⋯⋯，接著，說不定來個許願，希望病情好轉，不要那麼早奪走他（她）的生命，如果願望達成，他（她）將如何如何的回報天神，或是為人群如何如何的謀福利。設想如果他（她）的許願失效或落空，他（她）可能開始洩氣、沮喪、自暴自棄、悲傷，並接受命運的折磨、天神的安排，而毅然勇敢的面對死亡⋯⋯。悲傷輔導，便是在探討失落與悲傷的理論，剖析一個人在何種情形下，會萌生失落感，並引發悲傷情緒，進而應用輔導學上的理論與技術，引導悲傷者面對現實、克服焦慮，勇敢的生活下去，這也是生死學探討的主題。

七、殯葬管理

生死事大，設想有一個孤獨的老人，突然暴斃，屍體未寒，我們總不能草草率率，將其埋葬或火化；依照習俗，必須先公開舉辦葬儀，讓親朋好友作最後的憑弔、祭拜，而後才能慎重的火葬或土葬。有關喪事的處理，目前國內各縣市地區，大致設有殯儀館、納骨塔（堂）或火葬場，同時，土葬的墓地，也講求公園化，力求景觀的完美。唯殯葬文化及管理方面的缺失，仍不可避免，這是生死學所探討的問題。【註 4】

第四節 ☾ 生死學的目的與任務

生死學，雖然是一門探討人生旅程的生、老、病、死種種涉及問題的學問，但是，它特別重視生命的尊嚴與死亡的尊嚴，同時，有其特殊的目的與任務，下面我們試將生死學的兩項目的與六項任務列舉說明：

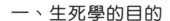

一、生死學的目的

生死學，不僅限於闡發有關生、老、病、死的理論與實務問題為已足，尚須達成以下的目的：

（一）探究生命的真諦

人生的起點是生命的萌發，什麼是生命？生命如何形成、如何出生、如何成長、如何老化……？生命在成長、老化的過程中，倘遇到罹患疾病或面臨死亡的威脅，如何面對與應付？生命有何價值？人生有何理想？以自殺終結生命，是否該獲得同情或仿效……？以上種種議題，生死學均必須附帶加以探討，並促進年青一代瞭解生命的真諦，珍惜自己的生命。

（二）提倡人性的尊嚴

在生命的旅程上，每一個人都會經歷出生、成長、老化，以至於死亡的過程。死亡是一種很無奈的結局，不論哪一個人是意外的死亡——即水災、火災、地震、風災……等猝然的天災死亡，抑或是自殺死亡，抑或是罹病死亡，抑或是壽終自然的死亡，死亡總帶給親屬或朋友難以抑制的失落、哀傷與悲痛。而瀕死的人在面臨死亡時，更有一種說不出的哀怨、無奈與不捨感，總期望家人或醫療機構的醫護人員，能給予適當的照護與關懷，陪伴其有尊嚴的、平和的走完人生的最終站。生死學的目的，即在提倡人性的尊嚴，促使家屬或醫療機構的醫護人員，能尊重瀕死者或死亡者的人格尊嚴，讓其生時有尊嚴，死後也有尊嚴，不致因為人體的死亡，而遭致處理上的草率、不敬或過於匆促。

二、生死學的任務

生死學，是由死亡學演變而來，因此，其探究的內容，仍然離不開死亡議題的範圍，例如當一個人生命瀕臨死亡的邊緣時，醫護人員應如

何為其安寧療護？家屬或親人又應如何陪伴與照顧？這些問題，都是生死學闡述的重點，是故，生死學在理論與實務方面，有以下幾項特殊的任務：

（一）帶動生死的研究

人生旅程中的生死問題，是一門很深奧、很難懂的大學問，即使窮一生的精力、心血研究它，也未必能透徹瞭解，譬如何謂生命？何謂老化？何謂死亡？其徵象如何……？又生命來自何處？歸向何處？有無靈魂不朽的實證？或佛教所說的再生再世的生死輪迴事證？人是否可以避免老化且永生不死……？以上種種困惑問題，都是生死學闡釋的範圍。唯生死學不僅僅探討生死困惑問題為已足，還須進一步帶動群眾研究生死問題。

（二）詮釋生死的難題

生死的疑難問題，包羅萬象，有的牽涉到法律的規定，有的牽涉到倫理道德的規範，有的牽涉到社會的習俗，譬如代理孕母，法律是否許可？倫理道德是否贊同？社會的習俗是否允許？又生母將畸形嬰兒丟棄，法律是否允許？倫理道德是否贊同？社會的習俗是否不譴責？又複製人、器官買賣、安樂死、協助自殺……等涉及生死的問題，法律是否許可？倫理道德是否贊同？社會習俗是否同意？以上這些醫療學上所涉及的生死問題，生死學都必須依據法律、倫理道德、社會習俗等各方面的觀點，來透澈的詮釋它。

（三）宏揚生死的教育

生死的教育，有稱為生命的教育，有稱為死亡的教育，其實，只是偏重生或死的不同教育內容而已。生死的教育，以生為開端，死為終點，整個教育歷程，涵蓋人生的全部過程，它是以教育的方式，並藉助

電視、幻燈機、投影機、圖書⋯⋯等媒體，將生死有關的影像、資訊、文字⋯⋯等，呈現在觀眾前，使其體會生命的可貴，追求生命的價值，崇尚生命的理想，建立健康的人生觀，同時，對於死亡的原因、死亡的過程、死亡的徵象、死亡的判準、死亡的殯葬⋯⋯等知識，能有概括的瞭解，一旦家人或自己，面臨死亡的威脅，能悉心關懷、照顧或從容面對，而不恐懼死亡、不畏怯死亡⋯⋯，因此，宏揚生死的教育，是生死學的另一個任務。

（四）倡導臨終的關懷

罹患嚴重傷病的末期病人，在面臨死亡即將到來的時刻，最擔心的是孤獨、寂寞、痛苦，沒有人關心、照顧⋯⋯。假若瀕死的人，在面臨死亡的階段，有親人或家屬陪伴身旁，悉心關懷、照顧，他（她）會倍感溫暖、感恩，而願意安詳的接受死神的安排，閉目安息，無怨恨、無恐懼、無遺憾，死得其所⋯⋯。因此，臨終關懷的原則，以及全方位（或四全）的照顧模式，常成為生死學的探討重點，生死學有必要倡導它。

（五）導引殯葬的改革

死亡是一種很可悲、很無奈、而任何人又不能避免的終身遺憾，為了對死亡者表示哀悼與懷念，自然必須依照社會的習俗，舉辦殯葬儀式，以慰死者在天之靈。唯葬儀的舉辦，不一定要鋪張、擺場面，只要莊嚴、肅穆、簡單、樸素，能善盡慎終追悼的禮儀就夠了，所以，生死學不只是闡明殯葬禮儀的習俗就滿足，還須進一步導引社會端正禮俗，改善鋪張、浪費的殯葬禮儀陋習。

（六）推動悲傷的輔導

　　悲傷者，常由於自己罹患絕症或其他重病，知道來日不多，死亡即將面臨，因而有失落感或沮喪感……。對於此種際遇不幸的人，我們不只是表達同情而已，還應該多加關心與輔導，使其勇敢的面對死亡挑戰，不被病魔擊倒；又失去親人的喪親者，也同樣有失落感與沮喪感，有賴他人伸出援手，施以心理上的輔導，使其早日走出悲痛的陰影，迎向新的未來；以上這些悲傷輔導的推動，便是生死學的另一項任務。【註 5】

第五節　生死學的門類

　　生死學，有多種性質不同的課程，與其他學科（如心理學）一樣，有屬於理論性方面的課程，有屬於應用性（實務）方面的課程，下面，我們試加以列舉說明：

一、理論性方面的生死學

（一）普通生死學

　　普通生死學，亦即一般性生死學，其內容不外生死的概念、死亡的徵象、生死教育、醫護倫理、臨終關懷、悲傷輔導、殯葬習俗……等等，其主旨在使閱讀者能瞭解生死學所探究的問題。

（二）哲學生死學

　　哲學生死學，是從中外的哲學思想，來探討生死問題，亦即從哲學的觀點，來討論人生觀及生死觀，其研究內容，不外中國儒家、法家、道家……等各派哲學思想、以及對人生觀、生死觀所抱持的看法；或者，印度佛教哲學的人生觀、生死觀；或者，西洋各時期哲學名流的人生觀及生死觀……等，其主旨在引導人們建立健康的人生觀與生死觀，掃除消極、厭世的心態，追尋快樂、圓滿的人生。

13

（三）宗教生死學

宗教生死學，是從不同宗教的哲學思想，來探討人生觀及生死觀，其研究內容，不外佛教的哲學思想、人生觀及生死觀；基督教的哲學思想、人生觀及生死觀；伊斯蘭教的哲學思想、人生觀及生死觀……等，其主旨無非在勸人為善，並正視生死問題，了悟生死乃宇宙的自然法則。

（四）佛教生死學

佛教生死學，是從佛教的哲學思想，來探討生、老、病、死等人生大事，並引導眾生瞭解三法印、四聖諦、五蘊、八正道、八識、十二因緣（三世二重因果論）、生死輪迴……等佛教哲理。

（五）心理生死學

心理生死學，是從心理學的觀點，來探討生死問題。其探討的內容，不外死亡的意義、死亡概念的發展、死亡焦慮、死亡態度、彌留狀態、死亡的悲傷階段與輔導……等，其主旨在引導世人摒除死亡的恐懼，當面臨親人朋友死亡時，能以正常的心態去面對。

（六）社會生死學

社會生死學，是從社會學的觀點，來探討生死問題，尤其是社會的習俗、文化、倫理道德……等，與生、老、病、死的關係最密切。因此，社會生死學的探討內容，也離不開 1.生的議題——例如墮胎、人工流產、代理孕母……等爭議問題的社會觀；2.老的議題——例如老人的安養；3.病的議題——例如器官捐贈與移殖、醫療倫理……等議題的社會觀；4.死的議題——例如安樂死的社會觀，死後遺體的喪葬儀式與殯葬文化的改革……等。

（七）醫護生死學

　　醫護生死學，是從醫護的科技觀點，來探討生死問題；其探討的內容，不外生命的誕生——包括試管嬰兒、剖腹生產、基因改造、複製胚胎……等問題的探討；及老人的照護、疾病的治療、安寧緩和醫療、醫護倫理、人工流產、器官移植、安樂死、協助病患自殺、植物人的照護……等等爭議性問題的探討，都是醫護生死學的範疇。

（八）科學生死學

　　科學生死學，是從科學的觀點，探討人生的旅程——生、老、病、死等問題，其探討的內容，與前述醫護生死學，大致相同。

二、應用性方面的生死學

（一）教育生死學

　　教育生死學，是將教育的方法與技術，運用在生死學上，使受教者瞭解生、老、病、死是人生旅程必經的過程，生與死是一體之兩面，死亡是不可避免的一件大事，因此，在有生之年，必須珍惜生命，重視生命的價值。教育生死學所探討的領域，不外生命教育、生死教育或死亡教育等的課題。

（二）輔導生死學

　　輔導生死學，是將輔導的方法與技術，應用在生死學上，使受輔導者瞭解生命是無價之寶，用再多的金錢，也買不回失去的生命，因此，人人必須珍惜生命，培養健康的人生觀，切勿動輒厭世輕生，白白斷送自己的生命；有關輔導生死學的探討主題，不外生命輔導與悲傷輔導……等。

（三）諮商生死學

諮商生死學，是將諮商的方法與技術，應用在生死學上，使生、老、病、死發生困惑與焦慮的案主，能瞭解生、老、病、死是人生必經的過程，有生必有死，年老、生病、死亡是不可避免的一件事，而死亡並非生命的結束，而是再生再世的開始，或進入天堂、極樂世界的臺階……。有關諮商生死學的探討主題，大致是生與死的問題。

（四）管理生死學

管理生死學，是將管理的方法與技術，應用在生死學上，例如醫院的加護病房衛生管理、重疾病患醫療及生活管理、瀕死病患的照護管理，或者殯儀館的人事管理、屍體管理、葬儀安排之管理……等。管理生死學，又名生死管理或殯葬管理。

（五）臨床生死學

臨床生死學，是將臨床的方法、技術與經驗，應用在生死學上，其探討的主題，大致是臨終關懷、安寧療護、急救、安樂死……等課題。【註6】

第六節 ☾ 生死學的研究方法

無論哪一種學科、哪一種學問，要探究它、瞭解它，一定有其登堂入室的階梯，這便是學科上、學問上所稱的研究方法。生死學，是一門很深奧、很神祕、很不易檢證的學科與學問，因此，它的研究方法，涉及科學的、哲學的、歷史的、比較的……等種種方法，下面，我們來加以說明：

16

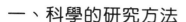

一、科學的研究方法

　　科學的研究方法，是採用一種比較客觀，而且可信度、正確性較高，能經得起考驗、檢驗的有效方法，去從事某一種特定對象的研究，例如以顯微鏡的肉眼觀察，從事細菌的研究；以豬、老鼠的腦，從事基因(Gene)的實驗研究……等，便是屬於科學的研究方法，生死學常用的科學的研究方法，包括自然觀察法與問卷調查法等兩種：

（一）自然觀察法

　　自然觀察法是觀察法(Observation method)的一種。它是在自然的情境下，對於某一特定研究問題，藉助視力的運用，仔細的、敏銳的將觀察的結果，默記於腦神經系統的記憶庫中。這一種方法，在科學的研究方法中，是最簡便、最常用的方法，研究者只要將觀察的結果，有系統的一一加以記錄，便完成了某一特定研究問題的研究。在生死學的研究中，假若我們要瞭解殯葬儀式的舉辦過程，便可以採用自然觀察法，實地去參觀、實地去瞭解某一地區、某一民族或者是某一宗教的殯葬儀式。同樣的，我們若要瞭解殯儀館的設備以及火化的過程，也可以採用實地觀察法，親身去參觀、研究，這便是自然觀察法的運用。

（二）問卷調查法

　　問卷調查法是調查法(Survey method)的一種。它是採用自己所設計、製作的問卷表，抽樣的寄發給有關的人，請其在問卷表上所列的問題，逐一的閱讀，並在自己認為恰當的項目內打一「√」記號，作業完畢，將問卷表寄回給發卷人，發卷人即將所有寄回之問卷表，加以彙整，逐一檢閱、統計，最後將統計的結果加以分析，並提出調查報告，這便是問卷調查方法的運用。問卷調查法，因為是採用抽樣性質，缺乏普遍代表性，而且接受問卷的人，不見得能認真閱讀、謹慎作答，所以其可信度、正確性，仍然受質疑。問卷調查法，雖然有其不可否認的缺陷，但

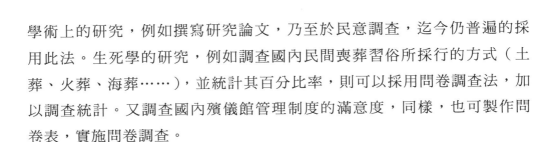

學術上的研究，例如撰寫研究論文，乃至於民意調查，迄今仍普遍的採用此法。生死學的研究，例如調查國內民間喪葬習俗所採行的方式（土葬、火葬、海葬……），並統計其百分比率，則可以採用問卷調查法，加以調查統計。又調查國內殯儀館管理制度的滿意度，同樣，也可製作問卷表，實施問卷調查。

二、哲學的研究方法

　　哲學的研究方法，是以自己的求知欲念、理解能力、思考能力、推斷能力、邏輯能力、價值觀、主觀意識……等強烈動機與潛能，去從事某一種特定對象的研究，例如探討是非善惡的倫理道德問題，探討靈魂不死的死亡問題，便是屬於哲學的研究方法。生死學雖然是一種新興的學科，被指稱為一門科學，但是在探討生死學的理論時，仍然不能不採用哲學的研究方法。例如：

（一）文獻探討法

　　文獻探討法是指參閱他人的著作或撰寫的論文，審慎的加以探討研究，並經過仔細的思考與評價，選擇其具有價值性、參考性、可信性的理論，加以援用與引述，這便是文獻探討法的運用。生死學的研究，當然必須採用文獻探討法，參閱他人的著作以及所發表的研究論文，從眾多有價值的文獻中，去擴增自己的知識，建立自己的理論，例如現今國內大學研究所博士班或碩士班的研究生，在撰寫研究論文時，很多是採用文獻探討法。

（二）問題討論法

　　問題討論法是指以自己的認知層次、理解層次、主觀認識、人生觀、價值觀……等抽象理念與見解，就某一假設問題，與他人或多數人，共同探討研究，並發抒己見的一種方法，藉此互相交換意見，溝通

觀念，以增廣自己的見識。生死學的研究，例如死亡教育的實施，死亡原因的探討，悲傷輔導的落實，殯葬管理的改革……等等課題，都可以採用問題討論法，讓研究者各抒自己的主觀意見，獲取集思廣益的宏效。

（三）心得發抒法

心得發抒法是指以自己對某一種學問、某一種研究問題的研究結果，依撰寫論文的體裁與方式，就領悟所得發抒己見的一種方法。生死學的研究，也常採用此法，讓研究者能就研究後領悟所得，就某一特定問題，表達自己的觀念與見解。

三、歷史的研究方法

歷史的研究方法，是由古至今，由過去到現在，有關研究問題的縱的方面之研究，例如西洋歷史、中國歷史、西洋哲學史、中國哲學史……等，便是由古至今、由過去到現在的所謂歷史的研究方法。生死學的研究，有時候也必須採用歷史的研究方法，例如闡述生死學的發展史、死亡教育的發展史……等，都是歷史的研究方法。

四、比較的研究方法

比較的研究方法，是以本國與他國、本地區與他地區、本族與他族之間，就某一種制度、習俗、文化、禮儀……等作橫的相互比較的一種研究方法，例如比較教育制度、比較憲法、比較婚姻制度……等。生死學的研究，也可以採用此法，例如有關本國的生命禮儀、殯葬儀式……等，都可以與美國、日本……等國家作一比較。

19

五、田野的研究方法

　　田野的研究方法，是指研究者為了研究某一特定對象（例如猩猩、獅子……）的生活狀態，特地親身遠赴荒野或田野間，以露營的方式，在自然的狀態下，密集的觀察特定對象的原始行為，俾作為撰寫研究論文素材的一種研究方法。雖然其方法有些類似自然觀察法，但與前述的自然觀察法不同；前述的自然觀察法是短暫性的觀察，而且在文化社區內進行，而田野間的自然觀察法是持續性的觀察，同時在原始的自然環境中進行，當然其觀察結果的可靠性，應該是毫無疑問的。在過去，美國有一位某大學研究所的女博士候選人，為了撰寫一篇博士論文，竟然選擇研究某一落後民族的婚喪習俗，而遠赴荒野地區與落後民族為伍，並自願下嫁給酋長的長子，親身體驗其婚喪習俗，因此傳為美談。生死學的研究，當然也可以採用田野的研究方法，去研究不同民族間的婚、喪禮儀。【註 7】

✛ 附 註

【註 1】美國的死亡學引進國內後，目前中、小學階段的生死學教育，大多偏重生命教育，且融入健康教育與生活倫理課程或其他相關課程中講授（未納入課程標準中之獨立學科）。而大學院校，雖然採生死並重的教育學程，但已逐漸普遍化，成為選修或必修的通識課程。

【註 2】美國的死亡學，是以瀕死或死亡為主題，去探討涉及的有關問題，並兼及生命的尊嚴與價值的省思，是屬於狹義的生死學。引進國內的死亡學，則擴充其視野，探討由生至死整個人生過程所涉及的生、老、病、死種種困惑問題，是屬於廣義的生死學。

【註 3】生死學這一學科，很多學者仍把它視為一門科學，觀點是沒有錯；但是，如果生死學的內容，涉及生死觀、人生觀……等的問題，則又成為一門哲學；為了避免科學與哲學的爭議，本人將其稱為哲學與科學合一的學科。

【註 4】生死學並無特定的探討主題，且坊間出版之有關生死學書籍，其內容及大綱亦不盡相同，為使生死學有共同一致性的探討主題，本人依據研究所得，暫規劃為七大主題。

【註 5】一般生死學的著作，鮮少提及生死學的研究目的及所欲達成的任務，本書為使讀者能明瞭研究生死學的目的，進而傳播生死學的知識，廣泛普及民間，達成生死學所賦與的任務，特闢本節內容加以闡揚。

【註 6】「生死學」這一門學科，才誕生不久，尚乏系統性的專門著作，有關門類之分，更是見仁見智、紛歧不一，著者為顧及說明上的方便，暫且如此劃分為理論性方面的生死學與應用性方面的生死學兩種。理論性方面的生死學，例如普通生死學、哲學生死學、宗教生死學、佛教生死學、心理生死學、社會生死學、醫護生死學、科學生死學……等等學科，因南華大學生死學研究所在過去均設有上述種種必修或選修課程，故學科名稱上應較無異議。至

21

於應用性方面的生死學，例如教育生死學、輔導生死學、諮商生死學、管理生死學、臨床生死學……等等學科，因與生死教育、悲傷輔導、殯葬管理、臨終關懷、心理諮商……等課程名稱不同，恐較不易令學者接受；唯實際上名稱雖然不同，內容則相同。

【註7】「生死學」這一門學科，應該有其「登堂入室」的研究方法，唯尉遲淦教授主編的「生死學概論」、林綺雲教授主編的「生死學」，以及其他坊間出版的有關生死學名著，均無研究方法之敘述。本書為使讀者瞭解生死學的研究方法，特闢本節加以闡述。

第 2 章

生命的起始與成長的結束

第一節　生命的意義

第二節　生命誕生的喜悅

第三節　生命衍生的問題

第四節　生命成長的禮俗

第五節　生命老化的感嘆

第六節　生命死亡的無奈

INTRODUCTION TO LIFE–AND–DEATH STUDIES

第一節 ◖ 生命的意義

　　人生的旅程——生、老、病、死……等大事，任何人皆不能避免。而這「生」，便是人生的開端，也就是生命的開始，什麼是生命呢？

　　假設，這兒有一粒種子，我們且不管它是哪一種植物的種子，我們將它埋入泥土，而後不斷的給予澆水，可以想像得出的是，這一粒植物的種子，經過幾天水分的滋潤，於是，它開始抽根發芽，並且鑽出泥土、伸出嫩葉、開始成長、茁壯，這時，我們便說：它已有了生命。

　　同樣的，假設這兒也有幾顆蟲卵，或者是鳥蛋，經過幾天暖氣的培育，它們也可以孵出可愛的下一代——小蟲或雛鳥，因而，它們也有了生命，開始成長、成熟。

　　生命是一種抽象的名詞，但卻有具體的跡象，只要是在宇宙間生存，不分動植物，都有生命的存在。那麼，什麼是生命呢？換句話說，生命是什麼？在日常生活裡，我們常說：「活的東西，便是有生命」，或者說：「能生存的東西，便有生命」，可是，這只是一種似是而非的論調，不是生命的真正意義。

　　生命的定義，迄今仍無法下一個結論，因為所有生物學家、遺傳學家、乃至物理學家，都不願為生命作正面的詮釋，他們只從生命的特徵來加以剖析，因而認為有成長的能力，有新陳代謝的功能，有繁殖的本能……等等，都可說是有生命的跡象。

　　宇宙間的生物體，包括所有動物、植物與微生物，大致都能自營呼吸作用，而且具成長能力、新陳代謝功能、以及繁殖本能，因此，這些生物體大多具有生命的延續活力，除非它們的生命跡象已消失。

　　以人類的有機體而言，當卵細胞受精後，生命即開始發育、成長；換句話說，受精的卵細胞，即在母體的子宮內不斷的分裂、不斷的依循自然的定律演化、成長，一直到胎兒脫離母體。

胎兒自出生後，生命的活體才開始展現生存的活力，換句話說，如果他（她）不是「死產」的遺體，也沒有消失生命的跡象，他（她）只要「哇」的啼哭幾聲，便能自律呼吸，血液便能自律循環，脈搏、心臟之跳動隨之規律化，而且開始能發揮新陳代謝、排泄廢物的功能。而當有機體持續成長至成熟階段，又具生殖之功能，此種現象，即生命徵象存在的鐵證。

　　生命，可以詮釋為：宇宙間所有生物體賴以存活的自發性動力；也可以詮釋為：宇宙間所有生命體賴以繁衍的自體性機能；宇宙間，因為有生物體（或稱生命體）的存在，才有綿延不斷、蓬蓬勃勃的生機；而人類，因為有生命的存在與延續的欲求，才有生活目標、生活品質、生活理想、生活價值……等各方面的追求與講究，一旦生命的燈火熄了，生命的跡象沒了，希望便幻滅，夢想便落空，人生的旅程便如此結束；所以，有人說：生命是一件無價之寶，用再多的金錢也買不回逝去了的生命，生命是多麼的珍貴呀！

　　生命既如此珍貴，那麼，任何人皆無理由糟蹋自己的生命，自毀自己的生命，甚至輕易拋棄自己的生命，而應善待自己的生命，珍惜自己的生命，以有限的生命，謀求自己的幸福與快樂，切勿視生命如兒戲，侵害他人的生命權益，侮辱他人的生命尊嚴；這才是生命的真正意義。【註 1】

第二節　生命誕生的喜悅

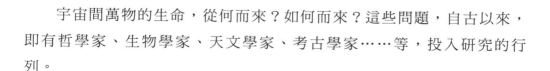

　　宇宙間萬物的生命，從何而來？如何而來？這些問題，自古以來，即有哲學家、生物學家、天文學家、考古學家……等，投入研究的行列。

雖然，研究的結果，論說不一，有主張宇宙間是由無生物狀態，自然演化成有生物狀態的所謂自然發生說(Spontaneous generation)；有主張宇宙形成之初，生物即散布於整個宇宙的所謂泛生說(Cosmozoa theory)；有主張宇宙間所有生物的生命，皆由其生物所生的所謂生物發生說(Biogenesis)……等等。【註2】其實，宇宙形成之初，是否已有生物的存在，因為年代久遠，我們很難鑑定，但是，我們可以肯定的說，宇宙間萬物的生命，是依循自然的法則，逐漸演化而成；同時，每一種生物，皆由同種類或類似的種類的生物繁衍而來，以號稱萬物之靈的人類來說，它據說是由猿猴類演化而來，同時其子代的生命，係男女兩性結合（交媾）所成。

一、生命的開始

人類的有機體，其生命的發生，開始於卵細胞受精之後。原來，依據發展學的理論，一個性別屬於女性的女子，在成長、發育的階段，假設她已年逾十一、二歲，也許，她的性器官已成熟，她的卵巢已開始具有製造與孕育卵細胞的能力……；而一個性別屬於男性的男子，在成長、發育的階段，假設他已逾十三、四歲，也許，他的性器官也早就發育成熟，他的陰囊內的睪丸，也說不定已能製造所謂傳宗接代、繁衍子孫的精子。從遺傳學的理論來說，當卵細胞與精細胞結合，而卵細胞在受精（或稱受孕）的那一刻，有機體子代的生命，便開始發生。【註3】

二、性別的決定

胎兒的性別，依據佛教的生死理論，認為一個人往生之後，其中陰身（即死後的靈魂）則飄遊於人間或寰宇中，開始尋覓其再生再世的歸宿；假設其中陰身已覓妥再生再世的宿主，同時，又喜愛其宿主的美姿儀態，則其投胎出生後，其性別必為男性；相反的，如果中陰身喜愛魁

梧、英俊的宿主之夫，則其投胎出生後，其性別必為女性。唯依遺傳學的理論，成熟男子的精細胞(Sperm)與成熟女子的卵細胞(Ovum)，都各有二十三對（46 條）染色體(Chromosome)，其中有二十二對染色體是男女相同的，只有第二十三對染色體是男女各異，它是決定性別的遺傳因子，所以又被稱為性染色體(Sex chromosome)。性染色體的形狀與性質，男女不同，男子的染色體內的兩條性染色體，體積大小不同，性質各異，大者稱為 X，小者稱為 Y，合稱之為 XY 性染色體。而女子的染色體內的兩條性染色體，體積大小相似，性質相同，因此，被稱之為 XX 性染色體。倘若，男子的精細胞與女子的卵細胞結合時，其卵細胞受精後的性染色體，組合為 XY 的話，則受孕的卵細胞，必發育成長為男性的胎兒；相反的，如果卵細胞受精後的性染色體，呈 XX 組合的話，則其受孕的卵細胞，必發育成長為女性的胎兒，這是遺傳學上最具權威、最具科學、最有貢獻的重大發現，非其他藥物所能支配。亦非任何人所能左右。【註 4】

27

三、生命的誕生

受精後的卵細胞，一方面向子宮移動，並著床於子宮壁；一方面開始分裂，先分裂為二，再分裂為四，以後仍不斷的依此等比級數，由八再分裂為十六……，最後形成了一個細胞球，細胞球內有一個空腔，把所有細胞分成內、外層，內層細胞有一部分發育成為胚胎，外層細胞則發展為胚胎的附屬構造，包括臍帶、胎盤與胎囊，其功能是在保護生長、發育而成的胚胎，並供給它所需的營養。當受精卵細胞著床於子宮壁時，胎盤就開始在著床的地方發展，它是像餡餅般的構造；而臍帶是從胎盤發展出來的，它的另一端連著胚胎的腹壁，是一條有血管的繩狀結構，但沒有神經。至於由外層細胞發展而成的羊膜囊，它黏著胎盤，是四層膜構成的囊，裡面充滿著水狀液，即羊水(Amniotic fluid)，胚胎就在裡面發育。母體的血液從子宮壁的動脈輸入胎盤，如此氧、水分和營

養分，就由血液經臍帶而滲入胎盤體內，而胚胎所產生的廢物，也經過臍帶送到胎盤，再被濾出而滲入母體，從母體的排泄器官排除。胚胎雖然發展了自己的循環系統，但是仍須藉著胎盤來獲取需要的養分，並排泄廢物。母體與胚胎的血液，並沒有直接的通連，只經由胎盤，藉過濾作用，而取得間接的連繫。另外，由受精卵細胞分裂形成的細胞球的內層細胞，這時也分裂成外胚層、中胚層與內胚層；外胚層發育為皮膚、毛髮、指甲、皮脂腺、汗腺、口腔、鼻腔之上皮、唾液腺、粘液腺、神經系統；中胚層發育成為肌肉、骨骼、韌帶、腎、輸卵管、卵巢、睪丸、心、血液、血管、淋巴管、心囊、腹膜、肋膜……；內胚層發育成為消化器、肝、胰臟、呼吸器、膀胱、尿道、甲狀腺、胸腺……等等。胚胎從針頭般大小，發育而成胎兒，約經二百八十日左右，便可脫離母體、降生於世。【註 5】

四、生命帶來的喜悅

小生命——即嬰兒，一出生，不論其性別是男是女，也不管其出生，是採剖腹生產，或者是採自然生產，只要分娩的母體平安無恙，出生的小生命（即嬰兒）順利脫離母體，再大的嬰兒啼哭聲，也掩不住家人的喜悅。

嬰兒一出生，便成了家庭中成員之一，同時，享有憲法上所保障的生存權，享有刑法上所保障的生命法益，享有民法上所保障的人格權、財產繼承權……等等。由於嬰兒的生命發生，牽涉及法律上的權利義務關係，因此，有關出生的認定，有胎動說、一部露出說、全部露出說、斷臍帶說、獨立呼吸說等等理論。我國的法律，例如民法，雖然採全部露出說、斷臍帶說及獨立呼吸說為出生的認定，但對於尚未出生的「胎動說」，亦保障其應享的權益，例如民法第七條「胎兒以將來非死產者為限，關於其個人利益之保護，視為既已出生」之規定。

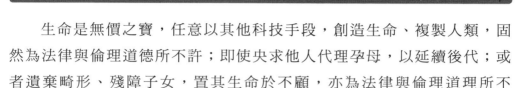

第三節 ☾ 生命衍生的問題

　　生命是無價之寶，任意以其他科技手段，創造生命、複製人類，固然為法律與倫理道德所不許；即使央求他人代理孕母，以延續後代；或者遺棄畸形、殘障子女，置其生命於不顧，亦為法律與倫理道理所不容；下面，我們將生命衍生的種種問題，論述如次：

一、墮胎與人工流產

　　墮胎是指懷胎的婦女，不願胎兒在子宮內繼續生長、發育，而自行以藥物或其他方法，或者囑託醫護人員，以醫療技術，將胎兒排出體外——亦即促其流產的一種不為社會道德或法律所容許的行為。墮胎，因為是將懷孕不久的小生命——早期胎兒，排出於母體外，使其斷絕母體的育護，接受生命終結的命運，故從道德上而言，它是違背自然法則、罔顧倫常的不道德行為，為社會輿論所不容許；而從法律上而言，墮胎是違反憲法所保障的生存權利，觸犯刑法所保障的生命法益，因此，墮胎婦女如自行以藥物或其他可供墮胎之方法墮胎者，即觸犯自行墮胎罪；如囑託醫護人員使之墮胎者，醫護人員即觸犯加工墮胎罪或營利墮胎罪，均應接受刑法的制裁。【註 6】

　　唯自優生保健法公布後，不合法的墮胎行為，已為合法的人工流產所代替，換句話說，懷胎婦女如想墮胎，只要符合優生保健法第九條規定條件之一，經醫師診斷，認為合法、可行，得依懷胎婦女之意願，施行人工流產。

　　人工流產，依優生保健法的詮釋，是指經醫學上認定胎兒在母體外不能自然保持其生命之期間內，以醫學技術，使胎兒及其附屬物，排除於母體外之方法。醫師為懷孕婦女施行人工流產，除須具有合法醫師之資格外，尚須經診斷或證明有下列情事之一者，始得依其自願，施行人工流產：

29

1. 本人或其配偶患有礙優生之遺傳性、傳染性疾病或精神疾病者。

2. 本人或其配偶之四親等以內之血親患有礙優生之遺傳性疾病者。

3. 有醫學上之理由，足以認定懷孕或分娩有招致生命危險或危害身體或精神健康者。

4. 有醫學上之理由，足以認定胎兒有畸型發育之虞者。

5. 因被強制性交、誘姦或與依法不得結婚者相姦而受孕者。

6. 因懷孕或生產，將影響其心理健康或家庭生活者。

　　上述六款之規定，凡未婚之未成年女子，須得法定代理人或輔助人之同意，已婚之女子，須得配偶之同意，方能請醫師為診斷，並證明是否具人工流產之合法條件，倘若診斷結果，證明確有上述六款情事之一，醫師才得以施行合法之人工流產。

　　優生保健法公布施行後（民國九十八年七月八日再修正公布），一般懷孕婦女，如有意墮胎，甚為方便，且不必擔心觸犯刑法的墮胎罪。唯施行人工流產與墮胎一樣，均將未成形的早期胎兒，藉流產的方式排出於母體外，無異剝奪胎兒的生存權利，抹殺胎兒的生命法益，故如無必要性之情事，最好不要輕易決定為人工流產之措施。【註7】

二、代理孕母與人工生殖

　　自從醫學科技上的體外受精、人工胚胎、試管嬰兒……等創造生命的基因工程，蓬勃的發展起來後，緊接著代理孕母的歪風，也像時髦的髮型、裝扮、服飾似的，熱烈的流行了起來；它像一陣颱風一樣，由他國登陸本國，所到之處，皆受其蠱惑，被其激盪，其影響不可謂不大。

所謂代理孕母，說穿了就是代替不能懷胎的女子，懷胎分娩的意思。譬如美國某一州某一城市有一對已結婚多年的夫妻，丈夫名叫約翰，妻子名叫露絲，小倆口感情融洽，生活美滿，唯一遺憾的是，至今尚無子女；原因是一年前妻子露絲因子宮病變，遭醫師剖腹切除，喪失了懷胎的能力，因此無法生育子女，可是妻子露絲的卵巢正常，仍然能製造卵細胞；婆婆瑪麗亞抱孫心切，乃慫恿兒子約翰與媳婦露絲，去某家醫院門診，請求醫師為其施行體外人工受孕、培育人工胚胎，婆婆瑪麗亞並聲明願意充當代理孕母，代替媳婦露絲懷胎生子，就這樣醫師從約翰的睪丸內取出精子，從露絲的卵巢內取出卵細胞，然後進行試管的操作，使卵細胞能受精，而培育出人工胚胎，並將受孕的人工胚胎，植入瑪麗亞的子宮內。大約經過九個多月，婆婆瑪麗亞果然代替兒子與媳婦，生了一個胖胖的男孩子——小約翰；可是問題來了，小約翰長大後，該稱呼瑪麗亞為祖母？或是媽咪呢？又應稱呼露絲媽咪？抑或是阿姨？這一則代理孕母的趣事，經各地媒體報導後，轟動了全球，成為大家茶餘飯後的閒聊議題。

　　前十幾年，在國內也曾流行「借腹生子」的趣事，根據媒體的報導，有些富商為了延續後代，竟以高價徵求自願充當「借腹生子」的孕母，其條件是必須身家清白、身體健康，無遺傳性、傳染性疾病及精神疾病者，據說應徵者甚多，令人驚訝。代理孕母與借腹生子，雖然名稱不同，但是同樣是代替他人懷胎、分娩；同樣是被委託性質的合約關係；同樣與託付者沒有婚姻關係；同樣與己身分娩的嬰兒，沒有母子的血統關係；分娩的任務一俟完成，嬰兒即轉交託付者養育。嬰兒的血統，雖然與代理孕母間毫無關係（前段的例子是例外），但嬰兒的生命，係由代理孕母所扶育、養護與分娩，視同己身所出之血親，故法律上甚難否定其母子之身分關係與親屬關係，為避免其日後發生法律關係之糾紛，目前代理孕母及借腹生子之歪風，均為法律所禁止。

生男育女，本來其目的是在傳宗接代、綿延後代的生命，假若結婚後的夫妻，不能生育；或者婚後的妻子，因子宮病變或切除，不能懷胎，夫妻可以商量收養子女，用不著徵求其他女子「代理孕母」或借其子宮代為懷胎生育子女，並以高價或其他優厚條件，作為引誘的工具。況且無論代理孕母或借腹生子，都會衍生許多問題，譬如誰才是親生母親？是供給卵細胞的婦女？還是懷胎分娩的婦女？連法律都很難界定。又假設應允代理孕母或借腹生子的婦女，所分娩的子女，長得模樣很可愛，十分討人歡喜，而代理孕母或借腹生子這一方生母，又不願依先前所訂的合約，將分娩的嬰兒轉交給原託付者，雙方爭來爭去，試問該如何為他們排解？再者，體外受精、懷胎、分娩的嬰兒，是否具有繼承「代理孕母」或「借腹生子」他方生母之財產權？與「代理孕母」或「借腹生子」他方生母之親屬，是否有親屬關係？這些法律上的權利義務關係問題，將會是大家感到最困惑的。

晚近人工受孕、人工胚胎、試管嬰兒、複製人……等創造生命的基因工程，仍不斷在改良、發展，除了複製人類，因牽涉的問題多，不易獲得多數國家支持與贊同外，其他創造生命的基因工程，已成為很普遍的醫學科技。代理孕母或借腹生子的臨床科技，雖然也必須藉助人工取卵、體外受精、人工胚胎植入等的培育生命過程，但因懷胎、分娩後，所牽涉的問題也多，因此，目前仍禁止此類類似商業性買賣的延續生命行為。為防止不合法的代理孕母或借腹生子的歪風汙染社會，衛福部已頒布人工生殖法，經立法院通過、總統公布，即解決不生育夫妻的延續後代生命問題。唯人工生殖科技，單憑法律的制定仍嫌不夠，還必須仿照美國研製人工子宮，才可解決不孕婦女可能衍生的代理孕母問題。【註8】

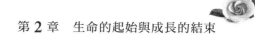

　　按新公布的人工生殖法，明定以不孕夫妻為實施對象，其夫妻間應一方具有健康之精子或卵子，且妻能以自己之子宮懷胎、生育子女為原則，凡健康精子或卵子之提供與取得，均採無償捐贈，其捐贈人，男子須年滿二十歲以上，未滿五十歲；女子須年滿二十歲以上、未滿四十歲；除不能指定受贈對象外，凡離婚、死亡或逾十年保存期限……等情形，即須銷毀。人工生殖科技，雖在協助不孕夫妻，能如願生育子女，但排除協助單親、單身、同性戀者之人工生殖，且「死後取精」之延續子代生命，亦不獲法律允許。

三、複製胚胎與複製人類

　　二十一世紀以來，創造生命的醫學科技，突飛猛進，一日千里，不但已能協助無法生育子女的夫妻，施行人工受孕、體外受精、胚胎培育，創造試管嬰兒……，讓他（她）們能如願的產下子女，延續後代的生命，並且，也能複製胚胎、複製人類、製造人工子宮、培育幹細胞……等等，使人類的後代，更優質、更健康，且能預防與治療罹患難治的老人症狀，如失智症、帕金森氏症、阿茲海默氏症……等等，顯見創造生命與治療疾病的醫學科技，真是無所不能，令人驚嘆、折服。

　　本來，生命的誕生與後代的延續，應該依循自然法則，自然的懷孕、自然的分娩；但是倘若結婚後的夫妻，不能生育，當然可以藉助創造生命的醫學科技，施行人工受孕、體外受精、人工培育胚胎，分娩試管嬰兒，不過千萬不可為了優生觀念，而訂造複製嬰兒，因為訂造複製嬰兒，將為社會帶來不良的後果。

　　從創造生命的胚胎工程來說，複製胚胎，通常是將體外受精的卵細胞，置放於培養皿或其他器皿，使其自然的分裂，由一個卵細胞，分裂至二個卵細胞，由二個卵細胞再分裂至四個卵細胞；然後，以醫學上的人工技術，將四個卵細胞分開，分別放在特殊處理過的透明袋，或者其

他適當的器皿，使其單一的卵細胞，各自再進行分裂，形成四個相同的染色體及基因架構的個體——即胚胎，這便是胚胎的複製。假若，我們將這四個（指牛或羊）染色體及基因架構相同的胚胎，分別植入牛或羊的母體子宮，就可以生下完全相同的四隻牛或四隻羊。【註9】

　　另一種複製胚胎的技術，與前述的複製方式不同，它是將一個未受精的卵細胞，移掉細胞核，並從一成熟個體的乳腺細胞，取出細胞核，然後將處理過的未受精去核卵子與成熟腺體的細胞核，利用電融合的方式，使其細胞質與細胞核融合在一起，形成一個新的細胞，再運用刺激的技術使其細胞分裂，最後成為一個新的生命體——即胚胎。此種複製胚胎的方法，始終沒有卵細胞與精細胞的結合，換句話說，即沒有卵細胞的受精過程，所有基因(Gene)是從成熟個體的腺體得來，所以胚胎發育成有生命的生物體後，會與細胞核來源的成熟個體一模一樣，譬如轟動一時的複製羊桃莉，便是使用這種複製胚胎的複製工程完成的。【註10】

　　複製胚胎的複製科技，發展到如此驚人的成就，試問我們人類有沒有本事仿照複製羊桃莉的基因技術，來複製人類，以提高人類的優生體質，謀求人類的福祉？我們的答案是肯定的，以我們人類現在的複製胚胎成就而言，複製人類將是下一個創造生命的目標。但是，反對的聲浪，卻也此起彼落，源源不斷，原因是一旦人類開始複製人，訂購複製嬰兒的風潮，恐將形成商業上的買賣風氣，為社會帶來不良的後果，且複製人違反自然演化定律，牴觸了法律、宗教與倫理道德……等的規範拘束，故迄今日本、美國均已先後禁止複製人，美國除禁止複製人外，尚包括醫學研究在內，違者將被處十年有期徒刑及百萬元以上的罰款。而英國雖然准許複製人，但只限於醫學研究之用的人類胚胎，且嚴格限定不可用於繁衍下一代的生命。

　　複製胚胎及複製人的複製科技，雖然不少國家先後立法禁止，但是仍有不少科學家堅持要複製人，例如美國科學家查佛斯曾透露，一組跨

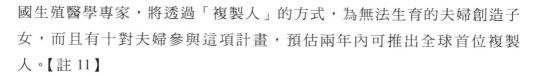

國生殖醫學專家，將透過「複製人」的方式，為無法生育的夫婦創造子女，而且有十對夫婦參與這項計畫，預估兩年內可推出全球首位複製人。【註 11】

又義大利胚胎學家安提諾里醫師，亦計畫為兩百名女性進行複製胚胎，希望藉此製造出第一個複製人類⋯⋯。【註 12】

複製胚胎與複製人類，既已不可避免，如果用於醫學上的研究，倒也無可厚非，如果用於複製一個自我，則牽涉及複雜的法律及倫理道德問題，將引起科學界、政治界、宗教界的激烈爭議，且社會上如果掀起「訂製嬰兒」、「複製自我」的風潮，又將如何收場⋯⋯？難怪佛教界的耆儒星雲大師會感慨的說：「這是違反自然的，尊重生命，就要尊重自然，複製的東西必不長久。」這一番話的確令人省思。

四、死胎與怪胎

在醫學上的生殖科技如此進步的現代，懷胎的婦女仍然會發生胎死腹中，或者分娩出怪胎的現象，雖然其百分比率並不高。所謂死胎，即胎死腹中或死產的意思。任何一位婦女，當其獲知懷孕的訊息後，其心中的喜悅、快樂，遠比中獎還值得慶賀，就這樣懷孕的婦女，懷著一條小生命、一顆希望的愛心，日復一日，期待著小生命的成長、臨盆。不幸，世事難料，假若有一天她獲知即將臨盆的小生命，竟然胎死腹中，或者分娩時，竟是死產，你可知道，她該是何等的沮喪、悲哀？而胎兒從生命開始發生起，即燃著一線希望的命脈，在母體的扶育下，成長、發育，卻不料生命如此短暫、脆弱，才過了幾十天或一、二百天，還沒有見過世面，就夭折在母體內，想來這個胎兒，必然十分不甘心、不歡喜；如果說，人死了還有來世、來生，他（她）想必十分害怕，害怕再生再世時，生命又是那幾十天⋯⋯。

　　近幾年來，婦女遺棄嬰兒的案例不斷發生，被遺棄的嬰兒，大多是畸型兒、殘障兒或私生子，被遺棄的場所，有的在育幼院門前，有的在公共場所，有的在火車車廂，有的竟在垃圾桶邊。被遺棄的原因，可能是無能為力撫養或有其他不得已的苦衷……；總之，婦女遺棄親生的嬰兒，應是很痛苦、不得已，且經過仔細考慮後，才狠心拋棄。雖然其出發點，容或值得同情，但觸犯了刑法的遺棄罪，為法律所不容；同時，從社會倫理道德方面來說，嬰兒尚小，無獨立生活的能力，做為嬰兒的母親，不論嬰兒是畸型兒、殘障兒或私生兒，均應善盡養育的責任，豈能不顧其生命、任意遺棄？況且嬰兒也有憲法上所保障的生存權利，也有刑法所保障的生命法益，不許任何人故意剝奪，故遺棄親生嬰兒是不對的，你說是嗎？【註13】

第四節 ☾ 生命成長的禮俗

　　胎兒從脫離母體、降生於世後，即成為有生命的獨立個體；亦成為某一特定家庭的一分子，不論其性別是男是女，均受到有關家屬——例如父或母……等尊親屬的歡迎與喜愛。剛出生的嬰兒，因為肢體柔軟，生命脆弱，不能獨立生存，故在在仰賴父母的養育與照顧，才能延續生命，不斷的持續成長與發育。

一、禮俗的意義及其功能

　　禮俗是指民間流傳的禮儀與風俗，也是一種獨特的社會文化，例如中國人過新年，有所謂拜年、致送壓歲錢，以及舞獅舞龍的慶祝儀式，這便是一種禮俗。又例如過端午節，民間有包粽子、吃粽子的習俗，以及以艾草、石灰祛除五毒的風氣，而各地區的機關團體，又有龍船競划的比賽活動，這些也都是一種禮俗。禮俗有好的一面，也有壞的一面，

好的一面當然必須繼續提倡與發揚，壞的一面卻必須立即革除與改善，俾便振興傳統的禮俗與文化。禮俗的功能，不外在於：1.發揚傳統文化；2.提倡正當習俗；3.尊重人性尊嚴；4.提高生活價值；5.建樹行為模式；6.追求人生理想；7.提振生命活力；8.體驗生命意義。

二、生命成長過程常見的禮俗

　　生命成長的過程，由出生起至死亡止，依心理學家的分法，大致有嬰兒期（從出生到兩歲）、幼兒期（從兩歲到六歲）、兒童期（從六歲到十二、三歲）、青年期（從十二、三歲到二十歲）、壯年期（從二十歲到四十五歲）、中年期（從四十五歲到六十五歲）、老年期（從六十五歲以上至老死）……等階段，茲就生命成長過程常見的禮俗分述如下：

（一）嬰兒期常見的禮俗

　　嬰兒的出生，如同喜事臨門似的，總帶給家人無比的喜悅。出生的嬰兒，無論其性別是男是女，都會受到生母同等的照護、養育。在過去，分娩的婦女，常有「坐月子」的習俗，不得任意拋頭露面，外出亮相；但隨著時代的演變，思想的開放，現在已不重視這些成規的束縛，分娩的婦女，仍可以自由走動、料理家事，不一定要「坐月子」。嬰兒在生母的哺育下，不斷的成長，有關嬰兒成長期間，常見的傳統禮俗不外：

1. 做彌月：

　　　即從嬰兒出生起，滿一個月，民間習俗上常見的慶祝禮俗。一般的習俗是「坐月子」的婦女，可以踏出閨房，拋頭露面，操持家務；而出生後滿一月的嬰兒，即必須依傳統的習俗，先剃頭後穿彌月服，剃頭後並以一塊鵝卵石象徵性的磨擦頭頂，以祝福嬰兒「頭殼硬硬」，即頭腦聰明的意思。為了慶祝嬰兒的彌月，家人還會燒煮彌月飯（民

間俗稱油飯），並且煮熟若干數量的雞蛋，於冷卻後塗上紅色顏料，以此彌月飯和紅色彩蛋，分贈親朋好友，讓其分享嬰兒彌月的喜悅。有些家屬因有重男輕女的傳統觀念，於生育兒子後，也有邀請親朋好友喝彌月酒的慶祝活動。

2. 做四月：

即嬰兒成長滿四足月的慶祝禮俗，民間上的習俗稱之為「收涎」，蓋因嬰兒在此時期，常有流口涎的毛病，故必須設法收涎，其方法是將紅色細線，穿過十二個或二十四個……等特製的圈圈餅（類似甜圈圈，但做法不同），懸掛於嬰兒胸前的脖子上，由其生母懷抱著嬰兒祭拜祖先後，來回走動於庭院前後或厝邊頭尾（即鄰居的大街小巷），讓男女老幼分享嬰兒脖子上的圈餅，並為其收涎與祝福；通常是由年長者，從嬰兒脖子上懸掛的圈餅，拉下一個後，在嬰兒的嘴唇上象徵性的抹了一下，這便是收涎的習俗，有些年長者，還會念念有詞的說：「收涎收乾乾，明年讓你招小弟」！除了分享嬰兒脖子上懸掛的圈餅外，並獻上誠摯的祝福。唯時過境遷，這種傳統的禮俗，現在似乎已逐漸不受重視。

3. 做周歲：

即嬰兒成長滿一足歲的慶祝禮俗，民間上的習俗稱之為「度晬」。度晬的禮俗，大致是於嬰兒的度晬日那天，先為嬰兒穿著新衣褲，而後備置鮮花、素果、牲品或者俗稱的紅龜粿，燃香點燭祭拜祖先，並於祭拜祖先感謝其庇佑後，將度晬嬰兒置坐於竹篩中，竹篩的左右邊擺放許多日常物品，例如算盤、筆、尺、書本……等，通常放置的大約有十多種，任由嬰兒隨其所奇、所好，觸摸把玩，而父母或其他家屬，則站立於嬰兒身邊，默默靜觀其一舉一動，從其把玩觸摸的物品的喜好程度，以推測未來的性向，雖然其準確性不見得很高，但卻是度晬囝仔做周歲常見的禮俗。

（二）幼童期常見的禮俗

　　幼兒期的幼兒及兒童期的兒童，已充滿旺盛的生命活力，已逐漸發展獨立的個性，能自理生活瑣碎、自律生活習慣，能從生活中學習語言、文字、抽象符號，累積經驗，發展潛能，並與親朋好友建立和諧的關係。幼童期的幼童，因已長大，並且脫離嬰兒期的依賴與軟弱，故生命成長的禮俗，僅有慶生日及受教育兩種：

1. 慶生日：

　　　即每一年欣逢出生日那一天的慶祝禮儀。通常是當幼童生日那一天，父母即備置蛋糕及蠟燭若干支（蠟燭支數比照幼童年歲），於適當時間、適當場所（例如客廳、餐廳……等），將蛋糕置放於桌上，蠟燭安插於蛋糕間，而後父母及兄弟姊妹等人均圍坐於桌邊，點燃蛋糕上的蠟燭，使其發出暖暖的燭光，旋即共唱生日快樂歌，祝福小壽星生日快樂，生活美滿，並分別致送生日禮物，整個過程充滿溫馨而愉快，這種慶生日的禮儀與習俗，常持續至老年期。且慶生的禮儀，亦常隨年歲的增長，而演變成祝壽的禮儀；往往，祝壽的親朋好友，也常有擺設壽宴為壽星慶賀之舉。

2. 受教育：

　　　即幼童接受生命禮儀的教育歷程。受教育雖然不是什麼傳統禮俗，但它卻是每一幼童必須閱歷的生命禮儀教程，它的教師，或許是父母，或許是師長，或許是其他的長輩；它的課程，往往是日常生活的禮儀問題，譬如在家如何孝順父母、聽從父母的話，以及如何友愛兄弟姊妹；在學校如何尊敬師長、和睦同學，如何循規蹈矩、認真向學？這些禮儀教育，其實也是一種生命倫理教育，其受教育的場所，除了家庭外，還擴及鄰里、社區以及學校。目前一般做父母的，大多重視幼童的教育，二歲以上的幼兒，常被送至附近的托兒所或幼稚園受教育，六歲以上的兒童，即依憲法的規定，接受義務教育，至國民

中學（未來將延長至高中高職）畢業為止，而較高層次的高中高職、專科學校以及大學……等教育，則依個人的志趣與意願，國家絕不干涉。受教育，雖然是在汲取生活智能，謀取一技之長，但多多少少包涵禮儀教育或生活倫理教育的內容。

（三）青年期常見的禮俗

青年期的青年，是人生的轉捩點，因為，它不但是年歲的增長，而且，生理已趨成熟，有生育子女的能力，有獨立生存的本能，故此時期的禮俗，最受矚目：

1. 慶成年：

即成年男女的慶祝禮俗。依傳統的習俗，男女屆臨成年期時，必須依社會的禮俗踐行成人禮，才得以享有成年人得享的禮遇；其所為的行為，才能獲得社會的尊重與默許。成人禮，因古今的禮儀不同，故下面分別加以概述：

(1) 古時的成年禮：

古時的成年禮，有所謂：男冠女笄，男冠是指男子年滿二十歲時，所舉行的加冠禮。女笄是指女子年滿十五歲時所施以的及笄禮。以男子的加冠禮而言，行加冠之日，男子須經歷分離、過渡及聚合等三個階段，換言之，行加冠之男子，當日須穿著彩衣，告別尊親屬，離家赴特定的宗祠，此為分離的階段；接著，典禮開始，由主持人引領加冠的男子，步出宗祠的東堂，在北端的席位就座，而由來賓為其梳頭挽髻，加簪著纚；然後再由德高望重的嘉賓，為成年的男子進行加冠的儀式；加冠之後的男子，須再返回東堂，更換原先穿著的彩衣，再步出東堂，由嘉賓再行加冠的儀式，如此反覆進行三次，即所謂「三加」，亦為過渡關卡。其次，加冠典禮舉行完畢，加冠之男子隨即接受賓客之敬酒與祝賀，並於一一答禮之後，步出闈門，返家拜見分離的母親及其他尊親屬，並與兄弟姊妹

再次重聚，此為加冠典禮之後的聚合階段。至於女笄之禮，即較為單純，僅將女子的頭髮盤起之後，以笄加以固定而已。【註14】

(2) 現時的做十六歲：

　　古時的成年禮——男冠女笄，已隨著時代的變遷銷聲匿跡了，代之而起的是做十六歲的成年禮。十六歲，雖非民法上的成年人，但現時的民俗卻以十六歲的男女，做為舉辦成年禮的對象；因此，每逢七夕前——即七娘媽生日前，便有許多十六歲的男女，踴躍報名參加成年禮。現在的成年禮，大多在宮廟舉行，凡參加成年禮的男女，皆由父母或其他長輩陪同，並攜帶鮮花素果、胭脂水粉、牲品、紅龜粿、七娘媽亭等供品，到宮廟參拜七娘媽，感謝其十六年來的庇佑，參拜完畢依例鑽過七娘媽亭，男左旋女右轉，如此反覆鑽三次，象徵已長大成人。近幾年來，公辦與私辦成人禮並存，若干私辦成年禮的宮廟，開始有收取費用之舉，而且，成年禮的禮儀，除了鑽過七娘媽亭（有些宮廟改稱狀元亭）之外，另加上跨越七鵲橋，並焚燒紙糊七娘媽亭……。【註15】

2. 行婚禮：

　　在生命成長的過程中，男女結婚一禮俗，應該算是最令人欣喜、最令人狂歡、最值得慶賀的大喜事；男女結婚，固然可以滿足雙方所謂男歡女愛的戀情，使其愛情得有圓滿的歸宿，更重要的莫如得以組織家庭，緜延後代，承續血脈，光宗耀祖。男女結婚的儀式，因時代背景不同，故古今的習俗亦相異，茲扼要分述如下：

(1) 古時的婚禮：

　　古時因思想偏執，民智閉塞，故常有男女不相授受的觀念，致男女結婚，須依禮俗循納采、問名、納吉、納徵、請期、親迎……等程序，男子才有可能娶得美嬌娘，女子才有可能嫁個如意郎君，唯男女結婚後，是否能情意相投、魚水共歡，則非旁人所能知曉。

古時的結婚儀式，大致由男方動身迎娶，迎娶的隊伍浩浩蕩蕩的步行街頭，鑼鼓號聲喧天、熱鬧異常，而新郎卻穿著彩衣、騎著駿馬，隨著隊伍、引著轎子，朝向新娘的家去迎娶。迎娶的隊伍，到達新娘家，並依禮俗由新郎將新娘引進轎子後，旋即依循原路，吹號、敲鑼、打鼓，仍舊浩浩蕩蕩迎娶新娘返回新郎家；接著，便是依循古禮，於大廳中行三叩禮，一叩、拜天地，二叩、拜高堂，三叩、夫妻對拜，禮畢，即由新郎引新娘入洞房。古時的婚禮，雖隨時間的變遷，地區的習俗，不斷的簡化，但結婚的三叩禮儀式，卻始終不變。【註 16】

(2) 現時的婚禮：

現時代的男女，因思想已開放，受教育的機會增多，對於男女的婚姻，崇尚自由戀愛，古時的男女授受不親觀念，已被踢得銷聲匿跡、不復存在，同時男女的結婚，毋須媒婆的撮合，毋須依循古時所謂納采、問名、納吉、納徵……等社會習俗，只要兩廂情願，就可以私訂終身，可以逕赴當地法院公證結婚、手續簡便、省錢省事，不受男女雙方家長的約束、反對與阻撓；唯依民法的規定，男子必須滿十八歲，女子必須滿十六歲，才有結婚的自主權利，否則仍需法定代理人的同意。現時的男女結婚，雖然仍保存媒婆問親、撮合的習俗，仍保存納聘金、訂婚的儀式，但沿用者已日漸減少。且目前的結婚儀式，因男女間之追求刺激、新鮮，致有多元化發展之趨勢，譬如有些人以跳傘活動做為結婚的儀式，有些人以登山活動做為結婚的儀式，有些人以跳水活動做為結婚的儀式，有些人以潛水活動做為結婚儀式，有些人以長途步行做為結婚的儀式，真是花樣百出，令人驚嘆稱奇。不過，目前的結婚對象，已不限於男女雙方，男子與女子的同性結婚，已逐漸增多，且為若干國家的法律所允許，這倒是一件很令人矚目、省思的問題。

自從民國一〇六年五月二十四日司法院公布「大法官第 748 號解釋」後，臺灣民間、行政與立法單位，花了近兩年時間努力整合各方意見，一〇八年五月十七日，三讀通過「司法院釋字第 748 號解釋施行法」，賦予同志伴侶得以結婚的法律依據，並於同年五月二十四日生效，臺灣因此成為亞洲第一個同婚合法化的國家。也許國內的爭議歧見無法在短時間內弭平，然而這個學習聆聽不同意見、妥協並往前邁進的過程，卻是有目共睹的成就。

（四）壽終期常見的禮俗

生命的成長，宛如流水般，由嬰兒期奔向幼兒期，由幼兒期奔向兒童期，由兒童期奔向青年期，奔流到最後，便是壽終期的死亡。死亡，是不可逆的生命消逝現象，只要是有生命的東西，終難免一死，任誰也無可避免。人類是有思想、有理智的血肉之軀，當親人、鄰友死亡，他（她）們除了悲痛之外，還會依循傳統的禮俗，為死者處理後事，使其得以安然瞑目，無所牽掛。壽終期踐行的禮俗，大致有下列幾項：

43

1. 助念與禱告：

為使死者的靈魂，得以安息，並無怨無悔，倘死者是信仰佛教，得由助念團為其助念阿彌陀佛，使其精神得以超度，靈魂得以不朽，再生再世時，得遠離痛苦與煩惱。若死者是信仰耶穌教或天主教，得由牧師或神父為其禱告，使其精神得以永恆，靈魂得以獲救，與上帝同在，遠離地獄之苦。

2. 入殮與葬儀：

當死者的遺體，經淨身整容，並更換衣褲後，於入殮日置放於靈柩內，供親屬、子女或其他親朋好友作最後遺容的瞻仰，而後蓋棺固柩，依原先預定的日期與時間，舉辦家祭與公祭的葬儀，以追悼死者，緬懷死者的生平、事蹟。

3. 土葬與火葬：

　　　　葬儀舉辦完畢，即依死者生前的遺囑、遺言或家屬的意願，以土葬或火葬的方式，安葬死者的遺體。

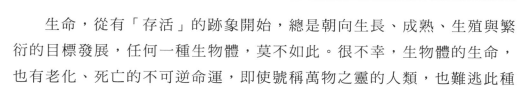

第五節 ☾ 生命老化的感嘆

　　生命，從有「存活」的跡象開始，總是朝向生長、成熟、生殖與繁衍的目標發展，任何一種生物體，莫不如此。很不幸，生物體的生命，也有老化、死亡的不可逆命運，即使號稱萬物之靈的人類，也難逃此種「劫數」，實在令人感嘆！

一、什麼是老化

　　一隻凶猛的獅子，為什麼成長到了某個階段，其奔跑、獵獸的求生本能，卻一天比一天減退？

　　一隻體力充沛的公猴，為什麼成長到了某個階段，其駕馭、統治、領導的活力，以及性本能、體力……等，也一天比一天衰退？

　　一隻靈敏的貓頭鷹，為什麼成長到了某個階段，其視力也一天比一天減弱，並失去捕捉蟲、鼠的活力與本能？……

　　總括而言，牠們不是生病，不是即將死亡，而是身體組織已老化，體力、活力、視力、求生能力……等已衰退，所以，老化，是指身體各器官及組織功能的衰退，以及生殖能力、運動能力……等的逐漸減弱現象。

　　以人類的有機體而言，當一個身心健康的人，成長到了某個成熟階段，於是，其視力、聽力、腦的記憶力……等，便逐漸減退，其四肢的運動能力、性能力、器官的功能……等，也日漸衰退，且皮膚呈現粗糙、皺紋、乾燥等現象，這便是老化的徵象，所以，老化是由機體的成

熟階段，開始邁向老年階段的身心變化。或者說是由機體功能的正常狀態，逐漸走向衰退、年邁的改變過程。

二、老化從何時開始

老化從何時開始？十歲？二十歲？四十歲？六十歲？這是一個很難確定的問題，到現在仍無定論。

曾經有一位國內學者——前南華大學陶在樸教授，引用了美國愛達荷大學(University of Idaho)奧斯泰德教授(Steven N. Austad)的老化理論，認為老化是從死亡率驟然攀升的那一個年齡開始。原來，根據「奧斯泰德」的系統研究，他發現人類的死亡率，呈 V 字型的曲線，嬰兒期的嬰兒死亡率很高，但以後卻隨年齡的增加而遞減，大約從十二歲開始，死亡率又隨年齡的增加而攀升，而這 V 字型曲線的底點年齡，便可以作為人類老化的起點，因此，他認為人類老化的起始期是十一或十二歲。【註 17】

45

奧斯泰德的老化理論，雖然是依據系統的數據與死亡率曲線所作的研究結論，頗具參考價值，但是人類死亡率的遞增，並非純粹是老化的死亡；人類的死亡，除了自然的壽終死亡外，尚有疾病的死亡、意外的死亡（例如溺水、火災、車禍……等因意外事故的死亡）、自殺的死亡……等等，故以死亡率曲線 V 字型的底點攀升年齡，作為老化的開始年齡，仍然值得商榷，況且，老化的開始年齡與所呈的徵象，個別差異很大，不能一概而論。

那麼，老化到底從何時開始？迄至目前為止，學者間仍然各持己見，有的學者認為老化與發展一樣，從嬰兒一出生，即已開始，只是速度緩慢，沒有被發覺而已……。有的學者認為老化是從機體成熟後，身心逐漸的改變，以及功能的顯著衰退；有的學者更認為老化是從成年期之後，才逐漸顯現的身心變化過程。大多數的學者，都不願從年齡上來探討「老化是從何時開始」的棘手問題。

三、老化與老年、老死的分野

　　老化，簡單的說，它是每一個人身心變老的過程，它與老年、老死，雖然同是人生過程中自生到死必經的緩慢的、持續的、不可逆的現象，但是，三者之間仍有差別、仍有分野；老化，可說是呈現在老年階段之前，它從一個人的發展早期，或者是成熟期間，或者是成人階段，開始邁向身心衰退的改變過程，一直到六十歲或六十五歲以上的高齡，即所謂老年期；處在老年期的老年人，有的身體尚健康，精神尚充沛，心裡無罣礙，與年輕人不相上下；但有的身體已衰老，行動已不便，記憶力、視力、聽力……等已明顯衰退，皮膚粗糙、起皺紋，已呈現風燭殘年、老態龍鍾的模樣……；所以，老年，是由老化演變的結果。老年之後，接著體弱多病，奄奄一息，有的乏人照顧，孤獨含恨死亡；有的竟能活到九十歲或一百歲高齡，但最後亦難逃老死的命運。老死是生命的終結，是老年之後的生命歸宿，而這老化──老年──老死，便是人生自始至終的演變過程，任何人皆不能避免。

四、老化的身心變化

　　老化，是從一個人身心發展的早期，即已緩慢的、持續的變老、變樣的成長過程，因此，老化時的身心變化，大致呈現下列種種的徵象：

（一）老化的身體變化

　　老化的身體變化，包括身體外部的改變與身體內部的改變，它是每一個人不可避免的持續發展過程：

1. 身體外部的改變：
　　(1) 皮膚方面：逐漸粗糙、乾枯、起皺紋，像缺乏水分、脂肪似的，已失去光澤及細嫩。

(2) 臉部方面：逐漸長黑斑、起皺紋，眼袋、眼尾紋、嘴邊笑紋，額頭上的額紋……等，逐漸呈現。

(3) 頭髮方面：逐漸呈現禿頭，或頭髮頻頻掉落，形成稀鬆、變灰白現象。且臉部的雙頰或嘴唇上下的鬍鬚增多。

(4) 牙齒方面：逐漸呈現鬆動、掉落或腐蝕現象。

(5) 身高方面：逐漸減低，呈弓背現象。

(6) 體重方面：逐漸增加，且腹部呈凸出現象。【註 18】

2. 身體內部的改變：

(1) 肌肉方面：肌纖維逐漸萎縮，導致部分肌纖維被結締組織所取代，促使肌肉硬化，故一旦受傷復元較慢。

(2) 骨骼方面：因鈣質的流失，骨骼逐漸變脆，缺少彈性，易受外力損害或折斷。

(3) 器官方面：身體內部的心臟、肺臟、腎臟、肝臟……等器官，因長久的耗損，已逐漸發生衰弱現象。

(4) 功能方面：腦部的心智能力、記憶能力，已逐漸減退；眼部的視力、耳部的聽力，亦逐漸減退；四肢的運動能力，隨之減弱。

(5) 生殖方面：性能力，由旺盛期逐漸衰退。

(6) 血管方面：逐漸失去彈性，並產生硬化。【註 19】

（二）老化的心理變化

老化，不只是身體逐漸發生變化，心理也逐漸產生改變，其顯著的徵象，不外以下種種：

1. 怕老：

每個人在年幼時，都希望快快長大，長大到像爸爸、媽媽般，好去追尋童年時的美夢；可是，等到長大成人，開始邁向老化時，卻又怕老，這是大多數人的恐懼心態。

2. 怕死：

死，是大多數人不願碰見、不願遭遇、不願面臨的厄運與災難；因為，人一死，什麼都沒有了，再多的財物也帶不走，再多的金錢也買不回死去了的生命；雖然，人死了，或許還有來生來世，但來生來世畢竟很縹緲、遙遠，很難說服怕死的人的迷惑心態；一個人，在年幼的時候，都羨慕成年人，希望自己也快快長大，可是，等到長大成人，開始呈現老化時，卻又怕老、怕死，這是一般人的通病。

3. 怕生病：

在生命成長的過程中，這生──老──病──死的流程，始終串連在一起，密不可分，顯見人「有生必有老，有老必有病，有病必有死……」；雖然，「有生必有老」，乃千古不移的事實，任誰也不能否認；但是「有老必有病」，或者說：「肉體的老化，必然會引起生病」，這句話，卻不是絕對性的必然現象；即使「有病必有死」，或者說「生病的人，必定會死亡」這句話，也不見得果真會如此，因為，生病的人經過醫術的治療，還有痊癒的希望，不一定會面臨死亡。話雖如此，當一個人面臨老化的困境後，還是會懼怕生病，害怕生病會奪去自己的生命，害怕生病會花費許多醫療費用，害怕生病會連累家人。

五、老化的理論

任憑哪一個人，身體多麼的健康，多麼的強壯，從來不生病、不吃藥，他（她）終究難逃老化的命運。

任憑哪一個人，生活在多麼優越的環境，醫療科技多麼進步的時代，他（她）同樣難逃老化的挑戰。

老化，不是上帝的懲罰，不是命運的安排，而是每一個人在成長過程中，必須經過的灰色地帶──即身心的變老歷程，任誰也避免不了。

　　那麼，人的生命為什麼會老化？老化的理論，雖然學者間仍有不同的意見，眾說紛紜，莫衷一是，但是，有兩個理論，卻是大多數的學者所贊同的，一是結構論(Programmed theory)，一是損耗論(Wear and tear theory)，我們扼要的敘述如下：

（一）結構論

　　結構論認為人體的器官、組織、結構、乃至於細胞，本來就潛伏著老化的因子，只要個體成長到某個階段，或達到某個成熟年齡，老化現象即自然發生。老化現象是基因所造成，基因所發出的訊息，會促使個體的身體逐漸改變，身體的器官、組織、細胞以及結構性功能，則隨之老化、衰退……。例如婦女的停經，便是老化的明顯例子。

（二）損耗論

　　損耗論認為人體的器官、組織、結構、乃至於細胞，因不斷的、持續的發揮功能，毫無歇息的時刻，故日子一久，難免因缺乏保養，而發生耗損現象，致個體的身體逐漸受損害，其身體的器官、組織、細胞以及結構性功能，亦呈現老化、衰退現象。【註 20】

六、營造快樂的老化生活

　　老化，既然人人不能避免，則人人應該泰然面對，不必恐慌，不必懼怕，不必自暴自棄，不必庸人自擾，積極的、快樂的、愉悅的去營造圓滿、幸福的老化生活，使自己的人生，永不留白，永無虛度。

49

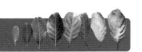

第六節 ☾ 生命死亡的無奈

生——老——病——死，這宇宙的生命流程，始終掌握著人的命運。生，即生命的出生，人生的開始，常為人們帶來喜悅；老，即生命的成長、成熟、老化，是人生的過程，常為人們帶來感嘆；病，即生命的衰退、警告、臨終，是人生的波折，常為人們帶來擔憂、痛苦與懼怕；死，即生命的消失，人生的結束，常為人們帶來哀痛與無奈……。

一、生命死亡的不可避免

一棵樹木，突然所有樹葉都枯黃掉落，樹幹、樹枝都呈乾枯狀，我們會說，這棵樹木的生命消失了。

幾頭乳牛，在罹患口蹄疫病症後，竟然也倒在地上，一動也不動，不但呼吸停止了，連心臟的跳動也休止，我們也會說，這幾頭乳牛的生命消失了。

生命消失，即死亡的意思，亦即生命的終止、結束或生命跡象的消失。宇宙間，凡有生命的生物體（包括動物、植物及微生物），只要有生命存在的現象，便也有生命終止、結束——即死亡——的時候，這是自然的演化定律。

以人類的有機體而言，人既有生，也會有死，生與死是生命流程中不可逆的自然演化結果，任何人皆不能超越生死，活到千年、萬年而永恆不滅。

二、生命死亡呈現的徵象

生命跡象的消失，即宇宙生物體的死亡現象；以人類的有機體而言，當其生命面臨死亡的時刻，其所呈現的徵象，常有以下種種：

1. 腦昏迷：即腦部的神經運動停止，呈昏迷狀、長眠不醒狀、呼叫不應。

2. 瞳孔固定：即眼皮緊閉或瞳孔固定，同時眼球已無轉動、已無反射現象。

3. 呼吸休止：即自律呼吸作用已停止，以手指靠近鼻腔，即可感受呼吸停止之冰涼氣息。

4. 血液循環停止：即身體內之血液循環系統已不發生作用，心臟跳動停止，脈搏跳動亦停止。

5. 肢體僵硬：即四肢與軀體，均已冰冷、僵硬，已失去彈性、彎曲或運動的能力。

6. 無反應作用：即四肢、頭部、面部、軀體等各部分，均失去痛覺、冷覺、膚覺……等反應作用。

51

三、生命死亡判定的標準

　　一個無病、無痛，身體健康的中年人，竟然於夜眠中，一睡不起，他（她）是否已死亡？

　　一個活潑、可愛，身體健康的小女孩，竟然在酷熱的陽光下，昏倒在地，她是否已死亡？

　　一個頑皮、好動，身體健康的男學生，竟然在海邊戲水，為巨浪所吞噬，被救起後已奄奄一息，他是否已死亡？

　　有關生命死亡的判定標準（判定標準簡稱為判準），在醫療技術、社會文明尚保守的過去，是採呼吸停止的理論，即凡自律呼吸停止，心臟跳動、脈搏跳動均停止的現象，則可判定生命體已死亡。

　　可是，呼吸停止、心臟、脈搏跳動亦停止的現象，並不能真正代表生命體的死亡，很多被判定已死亡的人，竟能在一、二天後，又從死中活過來，這到底是為什麼？

　　隨著醫學科技突飛猛進，醫學儀器的創新發明，生命死亡的判定標準，也由呼吸停止的理論，轉變為腦死的理論，即凡被判定為腦死（或腦幹死）的現象，生命體則宣告已死亡。

　　於是，死亡的定義，也有了轉變，例如西元 1968 年美國哈佛醫學院，為死亡的定義，詮釋為：「不可逆的腦昏迷或腦死，才是真正的死亡」。【註 21】

　　同時，對於生命死亡的判定標準，美國哈佛醫學院也提出以下五個徵象：

1. 對於外部刺激（或體內需要）既無感知也無反應。

2. 不能運動也不能呼吸。

3. 失去反射。

4. 腦電波圖呈現水平線。

5. 腦內失去血循環。【註 22】

　　唯目前國內各醫院，對於病患死亡的判定標準，大致依據下列科學的客觀方法，加以檢證：

1. 腦電波圖呈平直線。

2. 瞳孔固定，眼球失去轉動。

3. 呼吸停止，心臟及脈搏跳動亦停止。

4. 手腳僵硬、不動、冰冷。

5. 深沉的昏迷，呼叫不應。

6. 對於外部刺激無反應。

7. 腦內失去血循環。

8. 失去反射功能。

　　凡末期病人經醫院醫師診斷，確定已腦死者，才得以開具死亡證明書。

四、面對死亡的恐懼

　　死亡的恐懼，是一般人易患的心病。這些人，不但怕自己會死亡，而且，怕見他人的死亡；即使他人的遺容、遺體，他（她）也避而不見，總以為見了會觸霉頭、帶來壞運；他的心目中，深信人死了，一定會轉化成鬼魂，太接近了，會招來鬼魂的糾纏，促使自己一輩子遭受病魔的折磨，所以，避開死人越遠越好。

　　其實，死亡如同一個人的睡眠、安息，沒什麼值得恐懼、害怕；除了死者是遭受天災、人禍的意外事故，而失去生命，其遺容、遺體較不完整（例如斷手、斷腳、血流滿面、死體面貌變樣……），容或有少許令人恐怖、鼻酸、不忍、哀嘆的感觸外，一般死者的遺容、遺體，大致很安祥、和藹、完整，用不著恐懼、害怕。況且，死亡是人人都不可避免的一個關卡，勇敢面對死亡的恐懼，才能增進一個人的心理健康。

五、破除死亡的禁忌

　　死亡，在國人的心裡，一向被視為大不吉利的事，因此，大家都不願談它、接觸它、經驗它，於是形成了「死亡禁忌」的歪風歪俗。其實，死亡一事，毋須忌諱、毋須禁忌，我們談論它，並不見得會觸怒神

53

明；或為自己招來橫禍，相反的正視它、談論它，正可以減輕面對死亡的恐懼。

況且，自從死亡學引進國內後，生死問題已成為國人談論及研究的課題，故人人必須破除死亡禁忌，敞開心胸來面對死亡問題。

六、尊重死者的尊嚴

死者在生時，不論其身分、地位、職業如何，固然應受尊重，以顯示生命的平等；即使往生西天之後，其遺體亦應受到尊重，切勿在神識尚未脫離軀殼之前，草草將其搬移至殯儀館冰凍，或草草將其遺體埋葬了事。

須知，死事重大、不可兒戲；人死了，雖然不一定厚葬，但也應依禮俗辦理喪事。

依佛教的喪葬禮儀而言，人死了，在八小時內不可搬動其遺體，因其神識尚未脫離軀體；為使死者之精神得以超度，靈魂得以不朽，尚須為死者助念：「阿彌陀佛」，以引渡其脫離苦海，早日覓得再生再世之路。

基督教信徒，對於安息的死者，雖無所謂神識論，但主張對於蒙主寵召的信徒，得為之禱告，以祈禱其靈魂得以永恆，並與主同在，顯見對於死者的尊嚴，與在世時同等重視。

✢ 附　註

【註 1】　「生命」一詞的定義，迄今仍無法獲得一致的結論，因為所有中外的生物學家、遺傳學家、物理學家……等，都不願為生命作正面的詮釋。

【註 2】　援引自王克先著「發展心理學」(1975/4)，正中書局出版，第29~32 頁。

【註 3】　女子性器官成熟的時期，大約從十一、二歲到十七、八歲，而男子性器官成熟的時期較晚，大約從十三、四歲到十九、二十歲。

【註 4】　參考自張春興著「現代心理學」(1995/8)，臺灣東華書局出版，第 70 頁，及劉安彥著「心理學」(1978/7)，三民書局出版，第48 頁。

爬蟲類如海龜、鱷魚的性別，取決於蛋孵化時巢穴的溫度或自體的體溫，凡在攝氏 28° 以下者，可孵化出雌性，32° 以上者，可孵化出雄性，與人類胎兒的性別發展不同。

【註 5】　摘錄自劉作揖著「個案研究理論與實務」(2001/10)，黎明文化事業公司出版，第 59~72 頁。

【註 6】　刑法上的墮胎罪，包括第二百八十八條之「自行墮胎罪」、第二百八十九條之「加工墮胎罪」、第二百九十條之「營利墮胎罪」、第二百九十一條之「未經同意之墮胎罪」、第二百九十二條之「介紹墮胎罪」。

【註 7】　請參閱「優生保健法」有關條文。（優生保健法法規名稱，曾研議變更為生育保健法，但迄今仍未修正公布）

【註 8】　「代理孕母」的案例，仍為法律所禁止。

【註 9】　參考自許朝欽著「做人會成功——複製技術」(2001/7)，臺視文化事業公司出版，第 254~256 頁。

【註 10】　同註 9。

【註 11】 引自維園撰「複製人的後果誰能擔保」一文(2001/2/1)，中華日報。

【註 12】 引自外電報導「義國醫師　安提諾里堅持要複製人」一文(2001/2/7)，中華日報。

【註 13】 孕母分娩怪胎，雖然值得同情，但因刑法第二百九十三條有：「遺棄無自救力之人者，處六月以下有期徒刑、拘役或……罰金」……之規定，第二百九十四條有「對於無自救力之人，依法令……應扶助、養育或保護，而遺棄之……，處六月以上五年以下有期徒刑。因而致人於死者，處無期徒刑或七年以上有期徒刑；致重傷者，處三年以上十年以下有期徒刑」之規定，故不能任意遺棄子女，以免觸犯刑法。

【註 14】 參考自尉遲淦主編「生死學概論」(2000/3)，五南圖書出版公司出版，第 137~145 頁。

【註 15】 近來，機關或學校亦沿習傳統文化與禮俗，舉辦爬山、登山、跑步……等成年禮活動。

【註 16】 參考自註 14 前揭書第 145~162 頁。

【註 17】 援引自陶在樸著「理論生死學」(1999/9)，五南圖書出版公司出版，第 108 頁。

【註 18】 參考並援引自黃富順著「老化與健康」(1995/4)，師大書苑公司出版。第 9~13 頁。

【註 19】 參考自註 18 前揭書第 14~23 頁。

【註 20】 參考自黃富順著「成人心理」(1992/6)，國立空中大學出版，第 31~37 頁。

【註 21】 引自註 14 前揭書第 9 頁。

【註 22】 同註 21。

生|命|科|學|記|事

一、基因工程突破，東大開發人類胎盤素

一毫克成本僅五十元臺幣，校方擬將技術移轉民間

中央社／臺東縣十二日電

　　臺東大學分子生物研究室最近成功的利用基因工程技術生產人類胎盤素，純度和直接萃取人類的一樣，對於婦女的美容保養和活化人體細胞，大大提升功效，且大幅降低成本。臺東大學希望能將這項技術移轉給民間。

　　最近幾年，胎盤素成為美容界的「寵兒」，是女性容光煥發，恢復年輕的保養聖品；在醫學界則是活細胞，強化身體機能的補助醫療科技產物。不過，以往均由動物胎盤萃取動物胎盤素是最原始，也是目前最為廣泛的胎盤素來源。少部分的人類胎盤素則來自第三世界孕婦的尿液。臺東大學則率先利用基因工程技術生產人類胎盤素。

　　負責這項研究計畫的李炎教授表示，過去由動物萃取的胎盤素會產生大量剩餘物（如胎盤），對環境造成影響，且萃取成本較高、濃度較低，終究還是「動物」的胎盤素；而來自第三世界孕婦尿液的胎盤素也會隨著國家的進步而減少。因此，他和研究團隊成功的利用基因工程技術生產人類胎盤素，採用先進生物科技，以人類胎盤素基因轉植至人類細胞，使之分泌人類胎盤素，並加以提純，成本相對低、濃度較高。

　　李炎表示，目前國外也有研究團隊利用基因工程技術生產人類胎盤素，但是技術一直無法突破，產量稀少。他研發的技術可大大提高數十倍的產量，且品質穩定。在成本上，一毫克的成本僅僅新臺幣五十元，但是尿液提煉的成本要美金五十元。李炎表示，基因工程人類胎盤素和直接萃取人類的胎盤素，完全一樣，未來除了造福女性和提供醫療活化

57

人體機能外，研究團隊也意外發現，有助於愛滋病的防治。臺東大學有意將這項技術移轉民間，希望有興趣者可主動和臺東大學或是李炎教授聯繫。

取材自 2004.4.13 中華日報

二、美科學家成功複製幹細胞，複製人疑慮再起

記者符芳碩／綜合報導

　　美國奧勒岡衛生與科學大學和奧勒岡國家靈長類研究中心的科學家15 日宣布，人類以複製技術製造幹細胞的研究獲得重大突破，他們以1996 年複製羊桃莉的同樣技術，成功製造出人類胚胎幹細胞。然而，這項研究結果也讓複製人出現的可能性增加，帶來道德上的疑慮。

　　據 BBC 報導，這則研究報告已登上最新一期的《細胞》，科學家成功將未受孕的人類卵子之原有 DNA 去除，然後植入成人細胞中的DNA 資料，來製造出人類胚胎幹細胞。這項結果排除對人類胚胎的需要，降低道德上的疑慮，預料將讓幹細胞研究向前邁進一大步。報導稱，這種技術和當時桃莉羊的技術如出一轍。

　　然而，這項研究成果也讓人們對於複製人的疑慮再起，英國反複製人組織「人類基因警報」(Human Genetics Alert)負責人金恩(Dr. David King)博士認為，「企圖製造複製人的科學家終於得到他們想要的結果」，顯示立法禁止複製人的急迫性，「在相關法律出現前，做出此類研究是極端不負責任的」。

　　不過新技術的倡議者卻認為，以這種技術不會製造出「可行的」複製人，反而可以創造許多可用的幹細胞，而不再只是倚靠臍帶血。這對幹細胞研究來說毫無疑問是一大進步，不過這種技術所需要的成本，最終可能讓需求者望之卻步。

取材自 2013.05.16 新頭殼 Newtalk

三、法國禁止複製人類

法新社／巴黎八日電

　　法國國會今天稍早通過一項延宕三年未決的生物倫理法案，以「違反人種的犯罪行為」為由，禁止複製人類，但允許繼續進行人類胚胎研究。法國衛生部長杜斯特布拉吉在國會通過法案後表示，這項同時也在鼓勵捐贈器官的新法，將「可以引導人類在希望與害怕之間找尋出路」。新法也擴大了捐贈者捐贈器官的定義，並且說明從活人或死人身上摘取器官的規定。

取材自 2004.7.10 中華日報報導

四、英國批准複製人類胚胎

做為醫學研究，首張許可證發給新堡大學

法新社／倫敦十一日電

　　英國政府的人類生殖與胚胎管制局今天宣布，英國首度批准把人類複製技術用於醫學研究，允許新堡大學複製人類胚胎。該機構發布聲明說：「人類生殖與胚胎管制局已經核發第一張許可證，允許使用細胞核轉植術製造人類胚胎幹細胞，這種技術也稱為複製療法。」獲得許可的是英格蘭北部新堡大學生命中心的科學家，他們希望使用由人類胚胎複製出的幹細胞治療糖尿病、帕金森氏症和阿茲海默症等疾病。

　　這項人類胚胎複製研究據信將創歐洲首例，在此之前南韓於二月間率先發展出這項技術，不久後美國也出現類似突破。「複製療法」在英國是合法行為，但這是政府主管機關首次批准進行這類研究。為了科學和醫學目的以人為方式複製人類基因是否合乎倫理道德，勢必會再度引發論戰。

　　人類生殖與胚胎管制局的局長李澤表示，該機構的許可證委員會在由科學、道德、法律和醫學各方面考量這項研究計畫後，同意發給新堡

大學生命中心初步為期一年的研究許可。她又說，該機構會確保有關人類胚胎的任何研究都要接受審查和適當規範。

取材自 2004.8.12 中華日報報導

五、複製桃莉羊，韋莫特認為動物複製技術距收成階段仍遙

法新社／倫敦四日電

　　十年前成功複製姚莉羊的英國科學家韋莫特以審慎的態度表示，未來可能還需要五十年的時間，複製技術對醫學的貢獻才可能到達豐收階段。

　　這位胚胎學者指出，回顧過去醫學研究史上的新發現，不論是試管嬰兒或是其他技術，從第一次到最後技術完全成熟階段，都需要花很長的時間一步步完成。

　　伴隨姚莉複製羊誕生而來的醫學夢想、憂慮和道德的爭議，從過去到現在一刻也沒有停止過。他認為這項技術促成醫學治療研究，包括利用牛乳製造人的抗體，但這是一個長期的研究計畫。

　　他感到最可惜的是，英國沒有繼續利用複製技術，繼續發揚光大應用在免疫生物學上的研究。反而是被日本和美國及其他國家，以商業開發模式加以發展。

取材自 2006.07.06 中華民國生物多樣性資訊網

六、哈佛大學籲批准複製人類幹細胞

法新社／華盛頓十四日電

　　美國哈佛大學發言人夏伊女士表示，哈佛大學一組研究人員已要求學校道德當局批准複製人類幹細胞，以做為尋求糖尿病、帕金森氏症及阿滋海默症等疾病的療方之用。夏伊女士說：「哈佛大學幹細胞研究所已開始進行一系列製造人類幹細胞實驗的檢討過程。」

　　她告訴法新社：「這項計畫將涉及體細胞核轉移的過程，這個過程有時也被稱為治療性複製。」她表示：「譬如說，一個皮膚細胞被轉移至未受精的卵，這個卵然後在培養血成長幾天，賦予初期的胚胎生命。」這個胚胎「在此初期階段含有幾百個未經分化的細胞，這些細胞可用以取得胚胎幹細胞」。

取材自 2004.10.16 中華日報報導

七、人工生殖治療後……

老公（變性人）的老婆懷孕了。女變男：可以借精子。男變女：不能借腹生子，只有等代理孕母法案通過

記者林麗娟／臺中報導

　　不孕症治療醫師李茂盛，最近幫一對先生是變性人的夫妻成功施行人工生殖治療，妻子如願受孕，預計明年五、六月產子，李茂盛指出，女變男，可以借精子而有子嗣，男變女卻受限於現行人工生殖法規，不能借腹生產，只有等代理孕母法案通過後才有「子」望。

　　身兼臺灣婦產婦醫學會理事的開業醫師李茂盛表示，該對女變男的先生、正常妻子去年七月到他診所，出示變性後身分證和結婚證書，請求使用捐贈的精子來生兒育女，該位先生的父親是中部知名企業家，該先生從小女孩時期起就不穿裙子，一意要變男兒身，最後總算獲得父母支持，通過醫學中心的精神評估，動了變性手術變成男性，在三十歲之前經女友家人諒解，完成婚事，但為了借精子來源曝光（不能使用親哥哥的精子），而外求找上李醫師。

　　變性人也擁有試管嬰兒的育兒權，李茂盛一個多月前幫該位先生完成人工生殖手術，日前獲知喜訊，他表示雖然不是變性人借精生子成功的首例，也仍屬少見病例，讓變性人得以享有天倫之樂，「天下無難事」，站在不孕症專科醫師的立場，他也樂觀代理孕母法案早日通過。

取材自 2004.10.28 中華日報

61

八、人為何會老化：老化理論(Aging Theory)

作者：詹鼎正

造物者是神奇的。在祂的設計下，所有物種的生理功能於適育年齡達到高峰。之後，有些生物快速老化死亡（例如蟬），而人類的生理功能則慢慢退化。長久以來，人類總是夢想著長生不老、科學家們也致力尋找老化的原因，期盼有一天能製造出青春之泉。

總體而言，老化的理論分為兩派。第一派主張，人的老化決定於基因時鐘，是先天的，一旦我們找到了長壽基因而加以改造，長生不老將不再是個夢想。美國路易斯安那州立大學(Louisiana State University)的 M. Jazwinski 博士也真的發現了酵母菌的長壽保證基因(Longevity Assurance Gene-I, LAG-I)。一般的酵母菌可以繁殖約二十一代，當他用藥物活化了 LAG-I，酵母菌可以繁殖到二十八代；如果 LAG-I 發生變異而失去功能，酵母菌只可繁殖十二代。但是科學家尚未找到人類的長壽基因。

我們都知道，人體細胞不能無限分裂，但是精子、卵子以及癌細胞則不在此限。研究發現，體細胞每次分裂，其染色體尾部的端粒(Telomere)就會耗損一些，當端粒不夠長時，體細胞則停止分裂。猶他州西南大學醫學中心(Utah Southwest Medical Center)的 W. Wright 和 J. Shay 教授發現，不斷分裂的細胞中，存在一種端粒酶(Telomerase)可以修補失去的端粒，如能將此酵素加入體細胞中，體細胞將可回春，恢復分裂能力。人體是個非常複雜的組合，沒人知道當端粒酶被引進人體時，我們會變得年輕還是長滿了癌細胞。

另一派認為，人之所以老化，來自後天器官長期的磨損與毒素的累積。這一派理論的主流，粒線體退化假說(The mitochondrial decline theory of aging)，自由基假說(The free radical theory of aging)，和細胞膜假說(The membrane theory of aging)提出非常相似的觀念：粒線體是細胞內產生能量的組織體，自由基是食物消化分解變成能量的副產物。這些自由基會去攻擊細胞膜，損害其功能，並產生毒素——脂褐質

(Lipofuscin)，脂褐質的累積，與老人失智——阿茲海默氏症(Alzheimer's disease)息息相關。他們也攻擊粒線體，減低其生產效能，從而延生更多的自由基，惡性循環下，粒線體功能日漸衰退，自由基卻日趨活躍。這些自由基還攻擊細胞基因的構成物——去氧核醣核酸，使其傳遞錯誤的遺傳訊息，而導致細胞喪失應有的功能，衰老死亡。

　　細胞的死亡，造成組織，器官的失調，人體也一步步走向衰亡。一般說來，人體內有一群抗氧化的酵素，吸收代謝產生的自由基，減少其傷害。然而這些酵素並不能完全吸收所有的自由基，隨著年齡增長，自由基日漸累積，對人體的傷害也與日俱增。但令人失望的，長期服用抗氧化劑，如維他命 C，與維他命 E，並不能明顯的減緩老化。但研究顯示，抽菸與過量的飲酒，都會增加自由基的產量。

　　個人以為，老化是個多元的過程，兩派理論均有其可取之處，也都有其局限性。沒有一個理論可以完全解釋觀察到的老化現象。各位讀者可能發現，這些理論沒有把疾病涵蓋其中；統計顯示，銀髮族比較容易得到疾病，然而生病絕對不是老化的一部分。在科學家發生青春之泉前，後天的努力，諸如不抽菸、適度的運動、規律的作息與均衡的營養，則是我們對抗老化，維持健康的武器。

　　　　作者係臺大醫科畢業，美國約翰霍普金斯大學博士，現為大巴爾的摩醫學中心
　　　　　　醫師，並即將赴哈佛大學醫學中心接受老人醫學次專科訓練與研究一年。

　　　　　　　　　　　　　　　　　　　　　　　　取材自 2005.3.1 中華日報

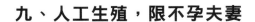

九、人工生殖，限不孕夫妻

夫妻雙方同意，且以妻子宮孕育生育，精子卵子保存期限 10 年離婚死亡就須銷毀，排除單親、單身及同性戀，也全面防杜「死後取精」

記者黃翠娟／臺北報導

延宕 13 年的「人工生殖法」修正案昨日在立法院三讀通過，對於人工生殖子女之地位，以子女最高利益為指導原則，明定施術對象以「不孕夫妻」為限，排除單親、單身及同性戀等，同時，該修正案也全面防杜「死後取精」的法律模糊空間。至於「代理孕母」問題，因外界爭議大，將另立新法規範；衛生署也將在法令上路後半年內，制定相關實行辦法及細則，針對諸如捐贈者營養費等項目，訂定額度。

衛生署自 84 年著手草擬「人工生殖法」草案，直至今年 3 月 5 日經立法院三讀通過，使人工生殖技術之管理具有法源依據，法條延宕時間長達 13 年。衛生署國民健康局表示，法條中明定受術對象為不孕夫妻，夫妻至少一方具有健康之精子或卵子，且妻能以自己的子宮孕育生產胎兒，該修正案排除所有非婚姻關係的對象，是著眼於健全家庭，避免小孩一出生就在單親家庭。

法令規範，捐贈精子、卵子者，男性捐贈人年齡限制在 20 歲到 50 歲，女性捐贈人在 20 歲到 40 歲，且捐贈精子、卵子保存超過 10 年就必須銷毀，同時，精卵以無償原則捐贈，且不能指定捐贈對象或精卵互贈。至於先前因公殉職的陸軍上尉連長孫吉祥所引發「死後取精」問題，法令也明文規範，人工生殖施術前必須獲得夫妻雙方同意，一旦離婚、死亡，事先取出的精、卵子就必須銷毀。

衛生署指出，人工生殖技術應以治療不孕為目的，而非作為創造生命之方法；對於生殖細胞及胚胎應予尊重，不得任意移為人類品種改良之實驗，並禁止為商業目的，而實施人工生殖技術及其相關之行為；對於人工生殖子女之地位，以子女最高利益為指導原則。法條明定，預防

藉由人工生殖，進行人口買賣的犯罪行為，條文規定意圖藉由從事生殖細胞、胚胎買賣營利或居間介紹者，可處二年以下有期徒刑、拘投或併科新臺幣 20 萬元以上 100 萬元以下罰金，犯罪所得沒收。

取材自 2007.3.6 中華日報

十、女性骨髓製精蟲，生子不用男人

中央社／臺北三十一日電

　　媒體報導，英國科學家準備將女性的骨髓轉變成精蟲，以後要製造生命就用不著男人了。英國「每日郵報」報導，這項突破能讓女同性戀伴侶擁有在生物學上屬於她們的孩子。男同性戀者也可如法炮製，利用男性骨髓製造卵子。

　　但批評者警告，這等於將男人摒除在外，以後孩子可能是透過完全人工的手段出生。這項研究鎖定幹細胞，這是人體的「母」細胞，可以變成各種類型的細胞。

　　根據「新科學家」期刊的報告，科學家打算從女性捐贈者的骨髓中取出幹細胞，然後使用特別的化學物與維他命將幹細胞變成精蟲。紐卡索的納耶尼亞教授已提出申請，獲准進行這項研究，他準備在兩個月內展開實驗。

　　生物學家則先行在老鼠身上運用這項技術，他們相信兩年內可製造出初期「女性精蟲」。但要製造出能讓卵子受精的成熟精蟲，可能還要三年。目前已經可以利用男性骨髓製造出初期精蟲。

取材自 2008.2.1 中華日報

十一、幹細胞能製精卵，不孕夫妻福音

史丹福研究，發表在自然雜誌，成功誘引細胞變精卵，也可製「男性卵子」，同性戀也可有子女

編譯王麗娟／報導

美國加州史丹福大學的科學家於自然雜誌發表報告，指出成功在實驗室以胚胎幹細胞製造精子與卵子。意謂不孕夫妻可「培育」自己的精與卵，用於試管嬰兒手術。

科學家製造的精子有頭與短尾，成熟度已足可讓卵子受精；卵子的發展仍在初步階段，但已較其他科學家進步。科學家是在找出正確的化學物與維生素組合後，成功誘引細胞變成精子與卵子。目前科學家是以初期胚胎的幹細胞進行研究，未來將改用皮膚細片。科學家將先以一個混合物，逆轉皮膚細胞的生理時鐘，將它恢復成胚胎幹細胞狀態，再轉化成精子與卵子。以自己的皮膚培育精子與卵子，較不易產生排斥。

這項科學還可能帶來以男性皮膚製造「男性卵子」、女性皮膚製造「女性卵子」的結果，如此一來，同性戀者將可擁有親生子女。但是因為女性細胞並無男性的 Y 染色體，某些科學家對於以女性細胞製造精子的可行性，抱持高度懷疑。上述美國科學家的進展，可望解開精子與卵子製造的諸多祕密，誕生不孕症新藥。史丹福大學研究人員芮妮·裴拉(Renee Reijo Pera)預期 5 年內新藥可問世。她說，男性罹患不孕症的主因之一，是精子數量太少或品質不佳，科學家瞭解培育精子的方法後，也許可以促進不夠成熟的男性精子發育。

以胚胎幹細胞製造精子與卵子，將徹底改變夫妻「做人」的面貌。不孕以及因為癌症治療無法生育的夫妻，可一圓子女夢，但其中也涉及道德與倫理問題。嬰兒誕生可能全程人工完成，過程中不需要男性，也不需要女性。反對者警告上述科學將扭曲與破壞家庭成員關係。

取材自 2009.10.30 聯合報

十二、植入 10 胚胎，代理孕母子宮壞了

馬瑞君／臺中報導

　　臺中市婦產科醫師傅嘉興違法為代理孕母植入胚胎，一次植入十個胚胎，致劉性代理孕母先懷八胞胎、再做六次減胎手術，造成子宮永久性傷害。劉女提出民事訴訟要求二百萬元賠償金，臺中地院審理後判賠五十一萬元。此案源於，不孕的蔡姓夫婦找了一名曾從事護理相關工作的劉姓女子擔任代理孕母，雙方並約定每月從進行手術到小孩生下期間，每月酬勞為二萬元，並找開設婦產科的傅嘉興為代理孕母植入胚胎。

　　依據目前法令規定，醫師為代理孕母植入胚胎並不合法，且以人工受孕方式為人植入胚胎數量，一次不能超過五個，但傅嘉興卻一次植入十個胚胎，造成劉姓代理孕母懷了八胞胎。事後，劉姓代理孕母發現懷了八胞胎，又到臺中中山醫院進行六次減胎手術，甚至因身心煎熬企圖切腹自殺，也因多次手術造成子宮受摧殘，日後已難以受孕。但蔡姓夫婦對劉姓代理孕母遭植入過多胚胎、又對減胎手術部分沒有太關心，也不願多給付額外費用，讓劉女憤而提告，認為蔡姓夫婦和傅嘉興的行為，造成其永久性傷害，要求應賠償身體傷害、精神慰撫金等共二百萬元。

　　傅嘉興稱事先並不知道劉女是代理孕母，也沒有植入過多胚胎，但法官審理後發現，根據醫院所保留的胚胎進行 DNA 比對，該胚胎與劉女無血緣關係，因而認定傅嘉興確有違法為代理孕母植入胚胎的行為。法官認為，植入胚胎的行為，是傅嘉興在其專業考量下所為，無法證明與蔡性夫婦有關，考量劉女所受傷害等，判決傅嘉興應賠償五十一萬元。刑事部分，則會由法官告發後，由檢方另行偵辦，因傅嘉興違法為代理孕母植入胚胎行為屬實，嚴重的話可能面臨被吊銷醫師執照的命運。

取材自 2009.10.16 中國時報

第 **3** 章

死亡的原因與問題的探討

第一節　自然的死亡

第二節　人為的死亡

第三節　意外的死亡

第四節　疾病的死亡

第一節 ☾ 自然的死亡

「人的生命，假若能永恆不滅、永久存在、永生不死……，那該多好！」很多醉生夢死的凡夫俗子，都有過這樣天真的想法。

其實，有過這種想法的人，並沒有錯，正因為生命的有限，而外在的世界又是那麼的美妙，才令人留戀起珍貴的生命，希望一輩子擁有它，希望自己長生不老。

只是，人既然是血肉之軀，有一天，當這血肉之軀抵禦不住時光的侵襲，抗拒不了病魔的糾纏，承受不起官能的耗損，生命終究難逃一死；雖然這不是每一個人都樂意碰到的一件大壞事。

一、何謂自然的死亡

「王老伯，年近八十，身體尚健康，某日中午一時許，竟於觀賞電視中，靜坐死亡。」

「林×志，年輕體健，仍就讀於××大學資訊系×年級，某夜竟於睡眠中，無病死亡。」

「老翁陳×泰，年逾九十，子孫滿堂，多財多福，但卻無法長生不老，於某夜安眠中，與世長辭。」

「鄰居的藥師夫婦，同年、同月、同日生，結縭五十多年，竟於參加金婚集體典禮之後，雙雙於同年、同月、同日的凌晨，奔赴黃泉，永別塵世。」

死亡，是人生之河的旅程終站，而生命好比是奔流的河水；不管河水是往高處流，或往低處流，直流，或彎流？最後，河水還是流到終點——大海；河水便是生命的化身，當生命活到盡頭，死亡便在旅程終站的不歸河，向疲憊的生命招手。

死亡，既然是人人難以倖免的最後下場，則人人應該珍惜生命、愛護自己，看破生死、不畏生死，當生命的蠟燭燃燒到最後的灰燼，也能泰然接受死亡的命運。

　　什麼是自然的死亡呢？自然的死亡，就如同上面所舉的例子，是指任何一個人，在毫無預警、毫無覺知的自然狀態下，像睡眠似的消失了生命的跡象，任憑他人如何叫喊，如何急救，死體永遠不會復活的狀態。當然，此時的死者，呼吸已停止，心臟跳動、脈搏跳動、血液循環……等功能，亦一併停止，由於死態溫和、慈祥、無痛苦狀，故一般人常稱之為「善終」，或美其名為「壽終正寢」，其實，這種無病、無痛、無受傷的死亡現象，便是自然的死亡。佛教即稱之為壽盡的死亡。【註 1】

二、自然死亡的導因

71

　　人是血肉之軀，生命異常脆弱，不但罹患重疾，會導致死亡；即使自殺、他殺或遭遇意外事故，也有可能會面臨死亡……。人的生命為什麼會死亡？以自然的因素來講，大致有下列種種原因：

（一）老化的結果

　　人的身體，好比是工廠的機器；工廠的機器，須不斷的運轉，才能產生效能；人體的器官，也同樣須不停的運作，才能產生賴以生存的熱能；工廠的機器，運轉一段時日，必須稍微停歇，加強保養，以挽救因磨損而可能發生的故障；但人體的器官，雖可以滋補營養，以增強其功能，但卻不能停止片刻的運作，故時日一久，難免因器官、機體的耗損，促使新陳代謝、細胞、肢體的功能……等呈現逐漸老化的徵象，且老化的徵象越嚴重、越明顯，便有可能導致肉體生命趨向自然死亡。

（二）高齡的結果

「人的生命是多麼的短暫，才一眨眼間，幾十年的歲月已過，人已老，頭髮已白，而死亡之門，已在不遠的前方，緩緩的為面臨死亡的人開啟。」也許，當我們年歲已高，自知來日已不多時，我們會如此的感嘆，如此的自覺無奈。

是的，人的生命的確極為有限，雖然大多數的人，都希望「長命百歲，永生不老」，最好「與山同壽，永恆不死」；但是，在醫療技術日新月異、突飛猛進的今天，人的生命也只能延後幾年死亡；通常一個身體健康、無病纏身的人，應該可以活到七、八十歲高齡，不過，若要活到一百多歲，或者「永生不老」，「永恆不死」，那就不大可能了。

活到八十歲、九十歲，甚至一百歲以上的人，不能說沒有，只是百分比率較低而已，且看前日本的金婆、銀婆不是活到一百多歲？而國內活到一百多歲的人瑞，也是屈指可數，不能說這是不可能的事；只是人的歲數，一旦越過一百歲的關卡，死亡的日期，便逐漸逼近，因為人始終難逃死亡的命運，無法「永生不老」、「永恆不死」的活在人世間。這「永生不老」，「永恆不死」，只是人們高懸的願望，當人們的歲數到達高齡的頂端，接著便面臨到死亡的威脅。所以，高齡的結果，便是促使人自然死亡的另一個導因。【註 2】

（三）憂鬱的結果

生命需要理想、目標、意願的灌溉，有了生命的理想，個人才不會事事遷就現實，唯利是圖；有了生活的目標，個人才不致徬徨、迷惘，失去奮鬥的方向；有了生存的意願，個人才不致頹廢、喪志，失去生命的朝氣。

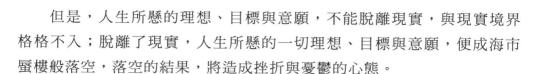

　　但是，人生所懸的理想、目標與意願，不能脫離現實，與現實境界格格不入；脫離了現實，人生所懸的一切理想、目標與意願，便成海市蜃樓般落空，落空的結果，將造成挫折與憂鬱的心態。

　　「憂能傷身」，憂鬱的結果，不但能傷身、傷神，且長期的憂鬱，將導致生命日漸凋萎，趨向自然死亡的不歸路……。【註 3】

（四）勞心的結果

　　研究、創作、發明、思考、著書等，是生命工程的勞心工作，與耕田、鋤草、搬運、卸貨等勞力工作，雖是一體兩面、相輔相成，但性質迥不相同。

　　勞心工作，偏重腦力的激盪、智慧的開啟、問題的探索、邏輯的推理、思考的運作；而勞力工作，偏重體力的發揮、工作的效能、肢體的協調合作。勞心工作仰賴勞力的支援，才不致發生光想不做的虛空弊病，勞力工作也須倚仗勞心的引導，才不致盲目耗費體力，降低工作效能，這勞心與勞力的生命工程，便是我們所說的「腦力與體力」的並重，或簡稱之為「手腦並用」。

　　勞心與勞力的結果，常為人們帶來無比的疲憊，勞力的疲憊，只須稍作休息，體力便可恢復，沒什麼大礙；但勞心的疲憊，卻必須適度休息，妥善調養，否則長期的勞心所累積的疲憊，將使個人精神崩潰，種下面臨死亡的禍因。【註 4】

（五）心死的結果

　　在人生的崎嶇道路上，或許有些人會遭遇挫折的打擊，導致失志、失意、失業、失戀……等悽慘的局面，著實令人同情。假若失志、失意、失業、失戀的人，能夠想得開、放得下，重拾信心，繼續奮鬥，或許有朝一日，命運會好轉，局面會改觀，失志、失意、失業、失戀的霉氣，將一掃而光。不過，遭遇挫折打擊的人，若是不圖振作，不思排除逆境，失志、失意、失業、失戀的結果，將導致「心死」的下場。

常言道：「哀莫大於心死」，心死的人，雖未必真正消失了生命跡象，但長久的心灰意懶，仍會促使心死的人，面臨自然的死亡。【註5】

三、自然死亡的過程

自然的死亡，既指無病、無痛、無傷、無血泊，如深沉睡眠般的死亡；自然與自殺的死亡、他殺的死亡、遭遇意外事故的死亡、罹重疾的死亡……等等迥不相同。

自然的死亡，無自殺死亡的違背自然，無他殺死亡的悽慘恐怖，無意外死亡的冤枉，無罹病死亡的痛苦孤獨，它是毫無覺知、毫無痛苦，自自然然的在睡夢中結束了生命。如果人體果真有靈魂的話，當靈魂發覺它所寄宿的軀體已死亡，不知會如何的驚惶失措？！

自然的死亡是逐漸的，緩慢的，其死亡的過程因為不能親自體驗、親自經歷，所以迄今仍無一致的結論。不過，我們可以勉強的為其推想一二：

（一）深沉的睡眠

不論死者是靜坐冥思或靜坐觀看電視；抑或是仰臥休憩或躺臥睡眠，當死亡的時刻面臨，所呈現的徵象是深沉的睡眠。唯在深沉的睡眠中，是否仍有夢境，那就不得而知，依心理學方面的學者研究的結論，人在深沉的睡眠中是不會做夢的。

（二）呼吸的停止

當瀕死者即將結束生命、面臨死亡時，先是深沉的睡眠；然後，突然的停止呼吸；而心臟的跳動、血液的循環、脈搏的躍動……等也同時休止；腦部神經、細胞全部死滅，不發生作用；身體內部器官的功用，也都全失。

（三）肢體的僵硬

在睡眠中的活體，不但四肢伸縮自如，軀體亦能左右側翻；唯死亡後，肢體即逐漸失去溫熱，變得又僵又硬，沒有彈性。這時，便可以開始為死者處理後事。【註 6】

人類的肉體生命，只有一生一世，短短幾十年；假若肉體的生命真實死亡了，便不可能再復活，所以，有關死亡者的死亡過程，在國內很少有學者熱心去研究它，因為死亡一事，不能兒戲，任何人都不願冒險去經歷、體驗；因此，死亡過程的理論描述，一向很少被提及。

在國外，有些學者知道直接去研究死亡者的死亡過程，確實不容易，因為搜證不易，體驗困難，於是，研究者轉向瀕死者的死亡經驗去進行問卷調查。接受問卷調查的瀕死者，大多有死去又復活的體驗死亡經驗，從其報告或回答的問卷資料，可以經由統計、分析的系統方法，推知死亡者的死亡過程。

依據多位研究者的調查研究，特別是美國國際瀕死體驗研究會(International Association for Near Death Studies)的會長林格(K. Ring)，認為死亡的過程，大致有以下幾個層次：

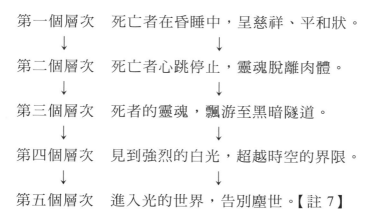

第一個層次　死亡者在昏睡中，呈慈祥、平和狀。

↓　　　　　　　　↓

第二個層次　死亡者心跳停止，靈魂脫離肉體。

↓　　　　　　　　↓

第三個層次　死者的靈魂，飄游至黑暗隧道。

↓　　　　　　　　↓

第四個層次　見到強烈的白光，超越時空的界限。

↓　　　　　　　　↓

第五個層次　進入光的世界，告別塵世。【註 7】

上述五個層次的死亡過程，只是依據瀕死者在尚未真實死亡時，就模糊體驗過的死亡經驗，所作的概括性報告，當然，其可信度不是很高，譬如瀕死者在尚未真實死亡時，如何能體驗死亡的經驗？又人死後，果真有靈魂脫離肉體之奧妙事？靈魂果真能飄游至黑暗隧道，並且隨後見到強光？總之，它只是瀕死者在夢境中所體驗的瀕死經驗，不是真實死亡時，人人普遍呈現的死亡過程；不過，它仍舊可作為研究「死亡過程」的第一手參考資料。

四、自然死亡的妙喻

佛教的死亡觀念，認為人的肉體的死亡，有壽終的死亡、福盡的死亡、意外的死亡與自如的死亡等四種，而其中的壽盡死亡，則類似自然死亡，因為壽盡死亡，即高齡、高壽、老化，且無病、無痛、無傷、無血泊，從安詳的睡眠中而消失生命跡象的肉體死亡。

死亡的禁忌、死亡的迷惘、死亡的恐懼、死亡的惡夢……，一向是民間大多數人最易共患的心病，必須設法破解它、治癒它。宇宙間，既然有生，也必然有死，有死也必然有生，生死死生，不停止的輪迴，不停止的死生、生死，所以，宇宙間才有生機，自然界才有綿延不斷的生命。

一代大師星雲法師，為了破除民間對於死亡的禁忌、死亡的迷惑、死亡的恐懼，對於死亡後的未來，有如下的詮釋：「死亡不是消滅，也不是長眠，更不是灰飛煙滅、無知無覺，而是走出這扇門進入另一扇門，從這個環境轉換到另一個環境；經由死亡的甬道，人可以提升到更光明的精神世界裡去……」。【註 8】

有關死亡的理念，星雲大師還有以下六種的妙喻。

（一）死如出獄

依哲學的靈魂說理論，人的靈魂是寄宿在每一個人的肉體內，由生到死，受著肉體的束縛，同時，不斷的承受來自外界與肉體的種種痛苦與煩惱，故人的肉體一旦消失了生命的跡象，靈魂便隨著脫離肉體，獲得自由、自在，所以，星雲大師說：「眾苦聚集的身體如同牢獄，死亡好像是從牢獄中釋放出來，不再受種種束縛，得到了自由一樣」。死亡，既如同出獄，則任何人皆毋須恐懼。

（二）死如再生

依佛教的生死輪迴說，人死了，仍可以再生再世，轉世於人道，所以，星雲大師說：「……死亡是另一種開始，不是結束」。死亡，雖是大多數人感到恐懼、迷惘的一件大事，且死亡後靈魂究竟歸宿何處，也令人擔心、煩惱，但死亡既如再生再世，視同人生的另一個開始，則人人毋須庸人自擾，害怕死後的未來。

77

（三）死如畢業

人的肉體生命，雖然只有短短七、八十年，極為有限；但人的精神生命，從生到死之間，仍有一段很長的時間，供我們學習、閱讀；所謂「學到老，學不了」，「人在生的時候，如同在學校念書，死時就是畢業了……」，所以，死是一種完成人生學業的榮耀，可以高高興興的領取畢業證書、優良成績單到另外一個世界去誇耀。

（四）死如搬家

人的身體，好比一間小屋，我們的靈魂，就寄宿在這一間小屋裡；靈魂像工廠的工人，日間工作，夜間休息，有時候夜間還不停歇的加班、工作，靈魂操控著勞心與勞力的工作，承受著外界與肉體的風雨打擊，這血肉和合而成的肉體小屋，在經年累月遭受風雨打擊之下，終於

又破舊又腐朽，呈現快要倒塌的現象。人的生命，有生必有死；新的屋子，經年累月的日曬雨淋，也會變舊，所以，星雲大師說：「……死亡只不過是從身體這個破舊腐朽的屋子搬出來，回到心靈高深廣遠的家……。」死亡既如同搬家，有何值得哀傷？

（五）死如換衣

人身上穿著的衣服，是為了表彰文明，為了美觀好看；衣服穿久了，當然會髒、會舊、會破，必須更換它，否則穿髒衣、舊衣、破衣，不但有失顏面，還會遭人唾棄、瞪眼。星雲大師說：「死亡就像脫掉穿舊穿破了的衣服，再換上另一件新衣裳一樣」。又說：「一世紅塵，種種閱歷，都是浮雲過眼，說來也只不過換一件衣服而已」。死亡，是再生再世的開始，當軀體敗壞了，靈魂（即中陰身）還會另覓新的軀體寄宿、再生；當衣服破了、舊了，血肉和合而成的人，還會更換一件新的衣裳；所以死亡一事，如同更換衣服，用不著操心、害怕。

（六）死如新陳代謝

人體內的器官、組織、結構，是支持並延續生命的重要能源，它必須每日每夜、時時刻刻不斷的運作，不斷的新陳代謝、排除廢物，舊的細胞死了，新的細胞必須立即補充，而死亡好比是新陳代謝的作用，排除掉死去的細胞，補充了新的細胞。【註9】

五、自然死亡受自然定律的支配

自然界的生物，有生、必有死，有死、也必有生，這是自然演化定律，即使是開天闢地的神，也無法掌控改變。

人是血肉之軀，既然有了生命，可以活到八、九十歲，甚至一百歲以上，但是他（她）也一樣受著自然定律的支配，終有一天，當肢體的功能已衰退，壽命老到不能再撐持下去的時候，死亡便來臨。

　　死亡，雖是每一個人排斥、不受歡迎的人生過客、生命災難，但是既然誰也無法倖免，無法永生不死，那麼，當自己的歲數逐漸增高，軀體的老化逐漸明顯，我們只好泰然的面對死亡，讓死亡來結束我們這一生。

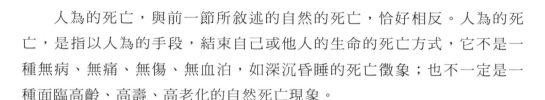

第二節　人為的死亡

　　人為的死亡，與前一節所敘述的自然的死亡，恰好相反。人為的死亡，是指以人為的手段，結束自己或他人的生命的死亡方式，它不是一種無病、無痛、無傷、無血泊，如深沉昏睡的死亡徵象；也不一定是一種面臨高齡、高壽、高老化的自然死亡現象。

一、何謂人為的死亡

　　「何×文，嗜賭如命，每賭必輸，一個月下來，竟積欠林×志賭債新臺幣貳仟萬元，林×志屢屢向何×文索討償還賭債，並恐嚇於一星期內籌款付清，否則將對其家人不利。何×文，心生恐懼，在走頭無路，告貸無門的困境下，竟逼令妻與子二人，喝下農藥自殺，而自己卻上吊自盡。」

　　「詹×明，就讀臺中某大學生物系二年級，因課業繁重，承受不了緊張的壓力，竟在想不開的情形下，自校舍五樓跳下自殺。」

　　「西元二○○一年九月十一日上午七時許，一架由美國波士頓(Boston)飛往洛杉磯(Los Angeles)的民航客機，於起飛不久後，竟遭數名恐怖分子劫機，並逼令駕駛該機的機長、副機長改變航線，飛向紐約市(City New York)，當飛機抵達紐約市曼哈頓世貿大廈上空，即逼令俯衝大廈，頓時轟隆一聲，煙霧飛揚，不但民航客機全毀，一百多名乘客全部罹難，即使帝國大廈亦遭逢空前大難，死傷之人，不計其數。」

「陳×雄，夥同高×民、蔡×助，於×年×月×日下午二時許，攜槍械、汽油彈搶劫銀行，並將行員徐×通、鄭×進等二名槍殺而死；三名匪徒於搶劫鈔票得手後，正欲驅車離去，卻不料為刑警所包圍，旋即一一被警察槍擊死亡。」

　　人的一生，只有一條命，這條命死了，便永遠活不起來，既然如此，為什麼在這文明的社會裡，還有那麼多人不珍惜自己或他人的生命？還有那麼多人尋求自殺以求解脫？還有那麼多人藉助殺人以求洩恨、洩憤！？

　　佛教的生死觀，雖然強調人的肉體死了，靈魂即脫離肉體的束縛；靈魂會化作「中陰身」，在宇宙的四方飄浮，並另覓新的寄宿體；當中陰身找到新的寄宿體，飄浮的靈魂即再生再世，轉化為另一個新生命；所以，人死亡後，生命並不就此結束，它仍有未來的再生再世，因此，佛教稱這種生死的流轉為生死輪迴。

　　只是，人死後，不但肉體僵硬了、腐朽了，連知覺、記憶也都全失，而這生命死後的未來，誰也無法去體驗求證；因此，堅信死後有來生的人，便常有輕生的意念，當其遭遇困窘的苦境，或者面臨失意的局面，即以死來解脫，並期望死後有更好的來生。

　　人死後，果真有來生？以人為的手段，結束自己或他人的生命，是否該獲得同情？法律、道德、宗教是否也贊同人為的死亡？

　　什麼是人為的死亡？人為的死亡，就像剛才所舉的例子，是以人為的各種手段，結束自己或他人生命的死亡方式，譬如喝農藥自殺、用繩索上吊自殺、開瓦斯自殺、跳樓跳海自殺、自焚自殺……等等，便是結束自己生命的死亡方式；用槍枝槍殺人、用刀械刺殺人、用木棍打死人、用毒藥毒死人……等等，便是結束他人生命的死亡方式。【註10】

人為的死亡，不論是結束自己生命的死亡方式，或是結束他人生命的死亡方式，道德與宗教方面的死亡觀，皆不贊同，因為前者是違反自然原則，後者是違反人道精神。至於法律方面，對於以人為的方式，結束自己生命的死亡者，雖不加追究，但對於以人為的手段，結束他人生命的凶手，則繩之以法，依法懲處。

二、人為死亡的類型

　　人為死亡的「人」，因其包含「自己」與「他人」，故其人為死亡的「人為」，亦包含「自己的作為」與「他人的作為」。「自己作為」的死亡，我們稱之為「自殺的死亡」；「他人作為」的死亡，我們稱之為「他殺的死亡」；下面我們就這兩種死亡的方式，加以說明：

（一）自殺的死亡

　　自殺的死亡，是以自己的人力加功手段，結束生命的死亡方式，例如日本古代傳統沿用的武士型切腹自盡，我國古時民間婦女慣用的上吊自盡……等等，皆是典型的自殺死亡的例子。人的生命是那麼的珍貴、那麼的有價值，為什麼還有人會愚昧到連自己的生命都不要，而走向自殺死亡的不歸路？當然原因很多，我們將在下面加以分析。

　　自殺的死亡，因為自殺的人畢竟已經死亡了，法律雖然不贊同其作為，但已無法去追究、懲處它；至於宗教、道德的生死觀，是贊同自然的死亡方式，故對於人為的自殺死亡方式，不贊同，認為是違反自然的法則。

　　從自殺的原因及其人力加功的手段來探討，自殺的死亡又細分為下列各種類型：

81

1. 愛國型的自殺：

　　愛國型的自殺，是指自殺人熱愛國家、盡忠於國家，不但尊重國家的權威，服從元首的領導，即使為了國家的生存與榮耀，犧牲自己的生命，亦在所不惜，此種基於愛國的情操，而赴湯蹈火自殺的人，便是屬於愛國型的自殺，例如第二次世界大戰之際，日本發動自殺飛機偷襲珍珠港艦艇事件，其駕駛自殺飛機自殺死亡的行為，即屬於愛國型的自殺例子。

　　愛國型的自殺，雖然或多或少會造成他方人命及財物的損失，但是因為它是愛國的表現，忠貞的行為，所以，法律上並不認為它是過當的行為；況且自殺的人既已死亡了，追究其責任並無多大用處，同時自殺的人其自殺行為是否出自愛國，尚難斷定（例如廣場上自焚），必須有具體的忠貞愛國表現，才能確定，並令人贊同。至於宗教及道德方面，對於愛國型的自殺，則視其是否殃及無辜人民的生命而定，是則表反對，並加以譴責；否則表贊同，並給予讚美。【註 11】

2. 抗議型的自殺：

　　抗議型的自殺，是指抗議人不滿國家的政策，不滿政治的措施，不滿謀求人民福利、解決人民生活之不足，憤而糾眾赴有關機關之廣場，靜坐或絕食抗議，甚至以引火自焚或其他足以引致死亡的自殺方法，表明強烈的不滿，並希望遭抗議的有關機關能正視抗議的問題，設法解決，或者改善不當的政治措施，或者革新國家的政策，以貫徹富國利民的政策。抗議型的自殺，純粹是個人或集體的意氣行為，與愛國型的自殺有別，倘其抗議行為，未事先依法登記獲准，或者其抗議行為，顯然妨害公務之執行、妨害公共之秩序，則警察機關得派員依法驅離之。因抗議而自殺死亡之人，法律已無從拘束，不必追究、處罰，但宗教與道德方面的立場，則可以譴責其違反自然法則的愚昧自殺行為。【註 12】

3. 殉教型的自殺：

　　殉教型的自殺，是指自殺的人，因信仰某種特殊的宗教，受其宗教理念的蠱惑與驅使，竟毅然以身殉教的恐怖自殺行為，例如西元二〇〇〇年非洲(Africa)的烏干達(Uganda)南方，一群信仰末日教派的信徒，於某一教堂內集體引火自焚，死亡人數達四百多人，其中還有許多無辜的幼童。殉教型的自殺，從宗教方面的立場來說，雖然是一種為宗教的信仰而殉身的行為，無可厚非，但其愚昧無知的舉動，著實令人同情與惋惜，特別是信徒的殉教自殺行為，竟然禍及無辜的幼童，其殘酷、不人道的作為，舉世震驚，輿論譴責，顯見道德上並不支持其違反倫常的殘暴行為。【註 13】

4. 殉情型的自殺：

　　殉情型的自殺，是指男女相愛，因為一方死去，他方悲痛難過，亦隨著自殺死亡；或者男女熱戀，因為父母之堅決反對，不能結合成夫妻，遂雙雙一同自殺死亡之慘象。前者如大文豪莎士比亞(Shakespeare)筆下的羅密歐(Romeo)與茱麗葉(Juliet)的殉情自殺，後者如前×市長的兒子高××，不能與熱戀中的女子×××結婚，遂雙雙於市郊某處，鋪上紅玫瑰花，服毒自盡的殉情自殺。殉情型的自殺，法律不認為有罪，因為那是殉情者的自毀、自滅、自盡的行為；況且自殺的人都死亡了，追訴的主體已不存在，顯然毋須追究其案件。但宗教方面、道德方面對其違反生命自然法則的殉情自殺行為，不表贊同與支持，認為自殺殉情行為，是一種不敢解決現實困境、逃避現實問題的懦弱表現，不值得讚美與提倡。不過男女之間，愛得難分難捨，甚至生死相許，不惜以死表明愛情之堅，倒是令人十分感動。【註 14】

5. 殉道型的自殺：

　　殉道型的自殺，是指自殺的人因不滿現今世風之日下，人心之不古，以自殺死亡的手段，解脫自己，以求超越，例如前日本(Japan)作

家川端康成，於榮獲諾貝爾(Nobel)文學獎之後，不久，即切腹自殺，原因正是不滿世風之日下，道義之不存，故其自殺的行為，即係殉道型的自殺。殉道型的自殺死亡，雖然廣獲社會輿論的同情，但對於世風之重振、改造，人心之復古、淨化，起不了任何作用。因為那只是殉道者個人的擔憂、感受而已；至於宗教與道德方面，對於殉道者的自殺，則保持沉默，不加讚揚，亦不加譴責。【註 15】

6. 畏罪型的自殺：

　　畏罪型的自殺，常是自殺人觸犯了滔天大罪，在法網恢恢、走投無路的困境下，無奈的以自殺的手段，結束了自己生命的慘狀，例如轟動一時的擄人勒贖並致人於死的凶手之一高×民，於行蹤敗露、被刑警包圍時，自知已無法遁形脫逃，乃舉槍自殺死亡。又例如水電工林××，與結婚才二年的妻子蔡××感情不睦，時常為小事爭吵，有一天當林××獲悉妻子蔡××有外遇一事，竟憤而持刀將其刺死，旋即後悔闖下殺人大禍，遂打開瓦斯畏罪引爆自殺而死。畏罪型的自殺，因自殺人大多是觸犯了刑法的重罪，不論其平日的操守如何，從法律方面來說，都不能姑息、縱容；但因畏罪自殺的人已死亡，法律上失去追訴主體，故只得偵查後予以結案。至於宗教、道德與社會輿論方面，對其畏罪自殺人的凶殘、不仁行為，當然不會寄予同情與寬恕。【註 16】

7. 逃避型的自殺：

　　逃避型的自殺，大多是逃避履行某種義務，不得已以自殺的手段，了結生命的態樣，例如許××，服兵役中，某日於執行勤務時，舉槍自殺。鄭××，債臺高築，屢遭債權人王××、林××逼迫還債，在告貸無門、無力還債的困境下，竟服農藥自殺而死。某公司董事長吳××，於公司經營不善、面臨倒閉之前夕，因發不出員工薪資，竟跳樓自殺。逃避型的自殺，從法律方面來說，它是一種對人、對事不誠信、不負責的逃避行為，故其自殺人的死亡，向為眾所不齒。一個人活在

世間上，雖然得依法享有種種有利於自己的權利，但是也必須依法履行義務，譬如我們需要一筆錢置產，可以向××銀行貸款，但是必須依期限的規定，連本帶息一併償還，總不能在期限屆滿前，以自殺的手段逃避債務的償還，因此，這種逃避型的自殺，法律、道德與社會輿論均不予以同情、寬恕。【註 17】

8. 厭世型的自殺：

　　厭世型的自殺，是指自殺的人大多有厭世觀念，認為人終歸必死，死亡是遲早的事，與其等待未來痛苦、折磨的死，還不如現在快速的了斷生命，以斷絕一切煩惱，譬如一個罹患重疾、自知無法治癒的病患，不但會有憂鬱症、厭世感，還會趁人不備時自殺；一個高齡的老人，在孤獨、絕望、無人關懷的情況下，不論其身心健康狀態如何，他（她）也會走向自殺的不歸路。根據可靠的統計資料，國內平均每日約有 1.6 名的老人自殺死亡，可見因厭世而自殺死亡的老人，甚為普遍。另外，有些就讀大學、中學的學生，也會因課業的繁重、心理壓力的增高，萌生厭世念頭，致跳樓自殺的案件，也時有所聞。厭世型的自殺，雖然沒有涉及法律上的刑罰，但因為其自殺行為，違反自然法則，故宗教、道德與社會輿論仍不予以贊同與支持。【註 18】

9. 負氣型的自殺：

　　負氣型的自殺，是指因憤怒、不滿、衝動，致以自殺的方式，結束自己生命的類型，譬如某一女影星與同居男友爭吵後，竟上吊自盡；某恩愛夫妻，因細故發生口角，妻一氣之下，竟跳樓自殺。負氣型自殺的自殺人，大多以女性者居多，因其女性較易衝動，且缺乏理智與情緒之控制的原故。負氣型自殺的自殺人，雖然違反上帝創造生命的自然法則，但其勇於一死的剛烈精神，著實令人同情，但不值得仿效。【註 19】

10. 羞愧型的自殺：

　　羞愧型的自殺，大多因自殺人做錯了對不起他人的事，在良心不安的情形下，以自殺的手段，了斷自己的生命的贖罪方法，例如前臺中市某大飯店公關小姐×××，已與男友×××訂婚，並訂於近期內結婚，但因仰慕男歌星×××之名氣，某夜竟與其發生不正常之一夜情，事後竟被某雜誌社獲悉，並就一夜情之情節，大事渲染、報導，東窗事發，當某雜誌出刊後，公關小姐之私人隱密，頓時暴露，名譽大為受損，又對不起未來的如意郎君，於是在萬分後悔、羞愧的情形下，服安眠藥自殺死亡。羞愧型的自殺，其自殺人大多以女性者居多，且近幾年來，由於性之開放，男女兩性在婚前大多有性關係的經驗，所以羞愧型的自殺事件，已不多見。【註 20】

（二）他殺的死亡

86

　　他殺的死亡，與自殺的死亡，恰好相反。他殺的死亡，是指死亡人的死亡，是由他人的人力加功手段所造成，譬如槍殺死刑人，其死刑人的死亡，是由於執行死刑的司法警察的「槍殺」所造成，這便是他殺死亡的例子。他殺死亡的案件，有的殺人行為，是合法的（依法令而行），例如死刑犯的行刑；但大多數的殺人行為，卻是違法的，例如槍殺、刀殺、毒殺特定之人，致其死亡。他殺的死亡，依其性質之不同，得分類如下：

1. 戰爭的死亡：

　　戰爭的死亡，是指死亡者的死亡，是在戰爭期間，遭受敵方砲火的襲擊或敵人流彈的射擊所致；在戰爭期間，殺人者與被殺者，如果其身分都是軍人，殺人者不但不違法，也不必受良心的譴責，因為殺死（或打死）敵人，對國家來說，是一件很光榮的事；但是，如果誤殺了自己國家的士兵，則必須接受軍法的制裁。在戰爭期間，如果殺

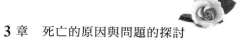

人者誤殺了無辜的敵方人民，雖然不違法，不必接受軍法的制裁，但誤殺的人越多，良心的譴責越大。戰爭是淒慘的、恐怖的，每一次的戰爭，不論是戰勝國或戰敗國，總是傷亡枕藉，所以，愛好和平的國家，都不贊同戰爭，宗教與社會輿論也主張維護國際間的和平，唾棄以戰爭伸張國力。【註 21】

2. 行刑的死亡：

　　行刑的死亡，是指死亡者（死刑犯）的死亡，是由於他人（行刑的司法警察）以人力加功（舉槍射殺）的手段所造成。行刑的行為，從表面上來看，它似乎是一種殺人的行為；但從任務上來看，它卻是一種不罰的合法行為，因為它是奉命行事，依所屬上級公務員命令之職務上行為，故其槍殺死刑犯的行刑行為，在法律上得阻卻違法，而在宗教、道德與社會輿論方面，亦不認為行刑的行為，有何不仁的地方，但是卻反對死刑，以及執行死刑的手段，認為它是極不人道的制度，所執行的手段又十分殘酷，最好廢除掉死刑。有關死刑是否應廢除一事，歐美各國早就爭論不休，唯迄今僅歐州諸國已廢除死刑。我國目前仍維持死刑制度，因為大多數的學者認為死刑一旦廢除，便無法嚇阻歹徒的犯罪，而像殺人之類的罪行，勢必更加猖獗，徒增社會治安的困擾。【註 22】

3. 被殺的死亡：

　　被殺的死亡，是指死亡者的死亡，係由他人（或稱歹徒）以人力加功（槍殺、刀殺、毒殺）的手段所造成。被殺死亡的被殺者，又稱為被害者，與殺人者（又稱為加害者）之間，常有某種關係，例如親屬、朋友、同學、戀人、仇敵、夥伴……等關係。當被殺者與殺人者之間，發生意見上的衝突，或感情上的摩擦，致相互間的關係惡化時，殺人者之一方，可能會以某一種人力加功的手段，將對方置之於死地，例如常聞老父責罵兒子不長進、不孝之後，兒子竟持刀將老父

砍死；同居男女因細故口角後，男方竟將女方踢死；兄弟因爭奪先父之遺產，弟竟不顧骨肉之情，將兄刺死等等，不勝枚舉。殺人的行為，因其剝奪了他人的生命法益，向為法律所不容許，故凡殺人致死者，刑法有死刑或無期徒刑、重罰之規定，至於宗教、道德與社會輿論方面，對於殺人的凶手，當然不會寄於同情，只有年幼不懂事的少年、兒童，誤將父母或他人殺死者，才廣獲憐憫與同情。【註 23】

三、人為死亡事件的媒體報導

自然的死亡，因其死亡者大多在自宅內安詳逝世，除非死者生前是社會名流、著名學者、或者是達官顯貴之輩，否則甚少有人會聞問、知情，更甭奢望媒體會爭相報導。但人為的死亡，因死亡者不是自殺，就是他殺，不是導因於戰爭，就是肇因於社會治安的鬆懈，由於此類事件的發生，一般民眾較為關切，所以媒體較樂意報導。

（一）何謂媒體

什麼是媒體呢？譬如我們常看的電視、報紙、雜誌……等有形物，就是媒體。電視是透過傳真的影像、聲音，報導世界的重要新聞，國內的政治、經濟、社會的動態，地方的形形色色，其文化傳播的功能，無遠弗屆，功效卓著。報紙是透過文字的描敘，版面的編排，將世界及國內重要新聞，包括政治、經濟、社會、外交、國防、教育……等最新消息，及地方的形形色色，按日或按夜出版銷行，其文化傳播的功能，也是無遠弗屆，但其功效卻略遜於電視。雜誌也是透過文字的描敘，圖片的襯托，版面的編排，將世界各國及國內的風雲人物、風流韻事等，按週或按月出版銷行，其文化傳播的功能，也是無遠弗屆。

媒體被有些學者（如前陶在樸教授）稱之為 Meme，即文化基因之意。媒體的文化傳播，好比是文化基因的散布，由一到十、由十到百、由百到千、由千到萬……，無遠弗屆，其功效令人震驚、咋舌。【註 24】

（二）文化基因對自殺與殺人的影響

　　基因(Gene)，這個遺傳因子，好比是佛教哲學所說的「種子」，而文化基因，就好比是文化種子，它會藉著媒體的報導，散布文化種子於群眾的腦域，使特有的文化思想、文化理念植根於群眾的腦神經中樞，一生受其左右、受其影響。例如電視或報紙，報導某一女子跳樓自殺的案情後，這跳樓而自殺的文化基因，便一而十、十而百、百而千、千而萬……，無窮盡的植根於群眾的心靈深處，於是不久，也有不少大、中學男女學生，因承受不了課業的壓力，相繼仿效前人之跳樓自殺方式，尋求解脫自己。又電視或報紙，經報導蒙面人持槍搶劫銀行的案情後，這蒙面、持槍、搶劫銀行的鈔票……等的特有文化基因，也深深的植入每一個觀眾或閱讀者的腦域深處，於是不久，也有蒙面人持汽油彈闖進銀行；也有蒙面人持玩具槍衝進銀行；也有蒙面人攔劫運鈔車……等等，均是受文化基因的傳布影響。又電影的武俠片，也常有相互砍殺的暴力鏡頭，幼童觀賞多了，也會仿效武俠的作風，相互持木棍鬥打。前日本有一位國小六年級男童，竟然持刀將另一名男童的頭砍下來，卻面無懼狀，這便是受了媒體文化基因的傳播所影響。

（三）減低文化種子的負面生長

　　媒體的傳播，好比是文化種子的散布，無遠弗屆，影響巨大，可以產生正面的生長，也可以發生負面的成長，從自殺的人為死亡事件來說，媒體的報導，可以導正群眾的思想，讓群眾能珍惜生命，遠離自殺，享受當前的美滿人生，設法解決困難問題，當失意的挫折困擾著自己的心靈時，也能堅忍的勇往直前、奮鬥到底，不到最後關頭，絕不向命運低頭，這便是文化種子播種在我們心田之後，所產生的正面性生長。媒體所散布的文化種子，譬如自殺、戰爭、凶殺……等的死亡事件，也會誤導群眾產生不健康的理念，模仿其自殺的手段、戰爭的不

仁、凶殺的殘暴，失去慈悲的心腸、憐憫的胸懷、生存的勇氣、謙虛的美德、禮讓的風度……，故媒體的傳播，必須淨化，對於散布的文化種子，加以篩選，換句話說，報導的自殺、凶殺案件，不須描述的太詳盡，盡量減低文化種子的負面性生長。

四、人為死亡事件的哀憐與省悟

人的生命，是那麼樣的尊貴，那麼樣的寶貝，為什麼還有人會輕生自殺？

人的生命，是那麼樣的尊嚴，那麼樣的神聖，為什麼還有人會不顧法律的森嚴，而將他人的生命活活奪去？

說穿了，那便是想不開、放不下，因為想不開，才會去尋短自殺；因為放不下，才會生氣殺人，所以，這想不開、放不下，才是自殺與殺人的原因。

自殺死亡的人，與被殺死亡的人，同樣的不幸，我們除了深深的為死亡者感到無比的哀憐、痛心外，希望大家能尊重生命、愛惜生命、切勿以生命當兒戲。

（一）自殺是違反自然的行為，切勿嘗試

人的一生，從出生到老死，都是依循自然的法則，自然的成長、自然的老化、自然的死亡，有一定的生命期限；自殺是提前結束生命，違反自然的行為，不值得提倡。雖然，有些自殺的行為，是為了報國而殉身，或為了奉命行事而殉職，從職責上來看，並不失當，但大部分的自殺行為，都是違反自然的，不應輕易嘗試。

（二）殺人是違背人道的行為，切勿狂妄

　　人與人相處，應該互敬、互信、互諒、互讓，切勿為了細故動刀殺人；殺人是觸犯重罪、違背人道的行為，依刑法的規定，「殺人者，處死刑、無期徒刑或十年以上有期徒刑」；「對於直系血親尊親屬，犯前條之罪者，加重其刑至二分之一」；「當場激於義憤而殺人者，處七年以下有期徒刑」；「母因不得已之事由，於生產時或甫生產後，殺其子女者，處六月以上五年以下有期徒刑」；「受他人囑託或得其承諾而殺之者，處一年以上七年以下有期徒刑。教唆或幫助他人使之自殺者，處五年以下有期徒刑」。殺人既是違背天理、人道的罪大惡極行為，則人人應該克制情感、衝動與私慾、遵守法紀，切勿以身試法。

（三）死刑是嚇阻犯罪的良策，切勿廢除

　　死刑，是重罪的刑罰。被判死刑的人，如同臨終的囚犯、待宰的羔羊，生死的命運，已在朝夕之間，時辰一到，死亡就在眼前，不能脫逃，不能裝病，不能跪地求饒，任憑受刑人如何心驚膽寒，如何懺悔改過，死刑就是死刑，行刑就是行刑，當槍聲一響，生命也將隨之結束。死刑雖然有些不人道，但確具有嚇阻犯罪的作用，不宜草率廢除。

第三節　意外的死亡

　　人的死亡，情況很多，除了第一節探討的自然的壽終死亡，第二節探討的人為的提前死亡之外，尚有意外事故的死亡、罹患重疾的死亡、飢餓的死亡……等等，本節擬就意外的死亡一項，加以探討：

一、什麼是意外的死亡

「民國××年×月×日，一架由峇里島飛返臺北××國際機場的民航客機，竟然因機械故障，墜落在機場的附近，機上的機長、副機長、空服人員以及所有旅客，均全數罹難，死亡人數達一百九十多人，飛機的殘骸，落滿四處。」

「民國××年×月×日，××颱風登陸臺灣東南部，臺東、屏東、花蓮等地，首當其衝；狂風暴雨，驟然呼嘯而來，所到之處，災情均嚴重，不但水淹市街、村落，土石流亦自山坡上滾滾而下，衝毀山坡下民房，淹沒牲畜、財物，死亡人數……。」

「民國××年×月×日，××縣××鄉就讀××國小六年級的陳××、林××、蔡××等三人，在溪畔玩水、游泳，因不諳水性，竟然被湍急的水流捲進水裡，除蔡××僥倖游上岸獲救外，其餘二名均滅頂溺死。」

「民國××年×月×日，××縣××鎮××路的一戶民宅，因電線走火，發生火災，老婦陳蔡××、孫子陳××均來不及逃離火勢猛烈的鐵皮屋，燻死在屋內。」

做為一個有生命、有肉體的人，這一生最大的意願，莫若活得快樂、活得滿意、活得有價值、活得有意義、活得自由自在，不枉此一生；但「天有不測風雲」、「人有旦夕禍福」，縱然人人都想求生避死、都想長生不老、都想多子多福、都想榮華富貴、都想永恆不死；可是，當死亡的時辰一到，任誰也難以逃避。

人的肉體生命，既無法超越死亡、逃脫死亡，那麼，假設死亡的時辰一到，能夠自自在在、安安詳詳、無病、無痛、無苦、無煩惱，從沉睡中閉目安息、告別塵世，也算是一種「死得其時」的福氣，可以含笑瞑目了。偏偏，命運作弄人，所謂「死生有命」，有些倒楣的人，卻在意外事故中，糊裡糊塗、猝不及防的被死魔奪去寶貴的生命，面臨了悽慘的死亡的下場，結束了此生的所有憧憬。

什麼是意外的死亡？意外的死亡，好比上面所舉的幾個例子，是一種突如其來、猝不及防的意外事故，所導致的人命死亡現象，例如車禍死亡、空難死亡、水災死亡……等；通常死亡的人，大致沒有死亡前的覺知與預感，沒有死亡前的不安與不祥感覺，即使有些「先知先覺」的人，或許在死亡前有預知的能力、有心電感應的本能，但也難逃意外死亡的劫數，所謂「死生有命」、「生死無常」、「天有不測風雲」，當死亡的命運降臨頭上，任誰也無法阻擋，無法逃生。

二、意外死亡的類型

　　意外的死亡，佛教的經典上稱之為「橫死」。所謂橫死，大概是指遭遇天災人禍的意外事故，所發生的人命死亡現象，與「善終」正好相反；善終是壽盡而死亡，是享盡長命的福氣，自自然然的安詳往生，無病、無痛、無苦、無煩惱，瀟灑的結束人生的旅程。而橫死卻因遭遇天災人禍的意外事故，死得很冤枉、很悲慘、很突然……，並非善終。

　　意外的死亡，從其造成死亡的意外事故來看，有因地震的災難而死亡，有因颱風的災害而死亡，有因火災的遭殃而死亡，有因猝然的溺水而死亡，有因碰撞的車禍而死亡等等，我們將其分類敘述如下：

（一）因地震的災難而死亡

　　地震是因地殼的某一地帶，發生急劇的變化，所引起的地表的震動，通常有因火山爆發所引起的火山地震，有地層斷裂所引起的斷層地震，有因地層下陷所引起的陷落地震等三種。地震有規模大小之別，規模小者，則僅地層間稍有震動之現象，並無任何災害；但規模大者，則足以破壞橋樑、水壩、道路、房屋，或導致山崩、地裂，或發生人命傷亡之慘事。譬如民國八十八年九月二十一日凌晨一時四十七分左右，國內發生芮氏規模 7.3 級的地震，由北到南，死亡人數達二千多人，受傷者

93

不計其數，可說是歷年來災情最慘重的一次大地震。其他如美國的洛杉磯(Los Angeles)，中國大陸的唐山……等，在過去也曾發生過死傷慘重的大地震。因地震的災難而死亡的人，不是善終，不是安眠，而是枉死，死得很冤枉，死得很突然，死得很意外，死得很淒慘，因此，宗教方面、社會輿論方面，都寄予最大的同情，特別是佛教的助念團，常義務性的為死者的靈魂助念，引渡其轉生、再世。

（二）因颶風的災難而死亡

颶風是熱帶海上因氣流劇變，所發生的一種猛烈暴風，我們習慣上稱它為颱風。颱風有強弱之分，弱者稱之為輕度颱風，強者稱之為中度颱風或強烈颱風；颱風從其形成地及經緯度的不同，又有種種不同的名稱，例如民國九十年，逼近或者登陸臺灣的颱風，先後有奇比、尤特、潭美、玉兔、桃芝、納莉、利奇馬……等颱風，每一次颱風的來襲，不論是輕颱或中颱，均造成臺灣莫大的生命災害與財物損失，著實令人驚駭！特別是颱風登陸臺灣本島後，又常帶來豪雨，使得山坡崩塌，山洪沖瀉，土石流滾滾而下，淹沒房屋、路橋、良田、牲畜，許多人的生命也在土石流的無情衝擊下，淒慘的被滅頂、被淹沒。因颱風的災難而死亡的人，宗教方面、社會輿論方面，也同樣寄予莫大的同情，認為其死亡相當無辜、相當可悲，而政府方面、民間團體方面，對於災難地區、災難住戶，也都有精神上、物質上的援助、慰問與救濟。

（三）因火災的遭殃而死亡

火是物質燃燒時，所發生的光和熱的現象，它是熱能的一種；善用它，不但可以持續的在黑夜裡照明、取暖，還可以炊飯、燒煮食物；甚至還可以在工廠裡發電、鍊鋼、鑄鐵；但使用不得當，則容易造成火災，形成空前的大災難。尤其是現代的社會，已邁向電氣化的文明時代，天氣熱，則使用電風扇或冷氣機驅熱；冷藏食物，則使用電冰箱；

洗濯衣裳，則使用洗衣機；炊煮飯菜，則使用電鍋；夜晚照明，則使用電燈；打字、設計程式，則使用電腦；觀賞新聞、娛樂節目，則使用電視機。所有日常生活的必需品，都與電有關，沒有電的「能源」，生活便陷入困境，生活將極為不便；但是，電的使用不得當，也會造成火災。近幾年來，火災頻頻，不是由於電線走火，就是瓦斯氣爆，每一次的火災，常有人命的死亡，且死狀慘烈、恐怖，令人心酸。因火災造成的命案，人數最多的一次，便是從前的臺中市衛爾康西餐廳，竟然在一夜之間，奪去了幾十個人的寶貴生命，創下了最慘烈的一頁。火災，讓目睹者心驚膽顫，讓耳聞者驚訝感嘆，特別是因火災的熊熊火焰，而燻死、灼死、燒死的受難者，大家都同樣深感同情與哀憐。

（四）因猝然的溺水而死亡

　　水與空氣、陽光，合稱三寶，是生命體（又稱生物）賴以生存的三種性質不同的能量，缺一不可。水是氫與氧二種氣體的化合物，用途極廣，可解渴、洗滌、沐浴、發電……；且用之不盡，取之不竭，隨處可見，譬如海洋有水，川河有水，溪澗有水，沼澤有水，地下有水；無水的地方，便成了旱地或沙漠，在旱地或沙漠中生活，只要缺水便容易渴死或熱死。「水能載舟，亦能覆舟」，水固然可供我們使用，譬如利用水力發電，利用水的浮力載舟；但水也可能會帶給我們莫大的災難，例如雨水過多，會造成山洪、山崩、土石流、水災……，連帶的造成財物的損失、人命的死亡。雖然如此，水還是有其不可抹滅的誘惑力，譬如小孩子喜歡玩水，大人喜歡游泳，常聞小孩子因玩水不慎、沉溺池塘而死；也常聞中小學學生結伴赴溪澗或海邊泅水、玩水，卻因不諳水性而溺斃。因溺水而死亡的人，大多是不諳水性、不知水的深淺，當遇到突如其來的危機與狀況，不知如何應變，於是在猝不及防的情形下，悲慘的沉溺水中、斷絕呼吸而死亡，的確是一樁令人同情的事。

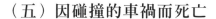

（五）因碰撞的車禍而死亡

社會的文明、繁榮與進步，使得車輛劇增，交通發達，但見高速公路、市區內的大街小巷，每天都有汽車、機車、腳踏車穿梭來去，絡繹不絕；車輛的劇增，確為交通帶來很多的困擾，譬如汽車在高速公路上行駛，嚴禁超速；但是行駛的汽車仍然我行我素，以致常因汽車的碰撞，發生慘重的連環車禍，導致人命的傷亡。市區內的大街小巷，只要是十字路口，都有交通號誌的自動操控，甚至於置有電腦的自動拍攝監控系統，但是每逢紅燈亮時，仍有不少的汽車或機車，冒冒失失的越過紅燈操控的十字路，以致撞倒人，或與他方的汽車、機車相撞，弄得車毀人亡，慘不忍睹。「開車不喝酒，喝酒不開車」，電視上常有如此的叮嚀、警告，可是有些喝了酒、滿身酒味的駕駛者，偏偏還要逞強，一上車便大膽的開起車來，不用說，車子一定左搖右晃，失去穩定，說不定會開上安全島，或是撞上路旁大樹，弄得車毀人亡。最不可原諒的是，自己不要命還沒有關係，如果把無辜的路人撞死，那才是罪過。

車禍的意外事故，不論是汽車間的相碰撞，或是汽車與機車間的相碰撞，或是汽車與機車撞倒路人，致發生死傷情事，有過失的一方，應負刑事及民事責任；而無過失的受害者一方，得向有過失的肇事者，提出民事賠償，或逕向法院提出刑事告訴，並附帶提出民事賠償；倘受害者已死亡，得由其最近親屬代為向有過失的肇事者，提出民事賠償的要求，或逕向法院提出刑事告訴，並附帶提出民事賠償。

（六）因飛機的墜燬而死亡

時代的進步，科技的發達，使得國與國之間的距離，大為縮短，譬如從桃園國際機場，到日本的東京，乘坐民航客機，只需三個小時，便可到達；但是如果由基隆港乘坐輪船到日本的大阪(Osaka)，卻不知要多少天才能到達？又譬如從桃園國際機場，到美國的舊金山(San Francisco)

乘坐民航客機，只需十幾小時即可到達；但是如果由臺中港或基隆港，乘坐輪船到舊金山，卻不知要幾十天才能到達？民航客機之方便、快速至此，難怪很多人到外國旅行、觀光，或者交涉公事，都會搭乘快速的波音噴射民航客機。

民航客機，雖然如此快速、方便，可以縮短距離，節省時間，但是，有時候它也會發生空難，譬如飛機在飛行的時候，遇到亂流，可能會發生突然的墜落，導致人命的傷亡。倘若引擎發生故障或著火，也必須緊急應變，設法降落，否則，也難免發生空難事件。又飛機遇到視線不明的空間，也可能撞山墜燬。遇到鳥兒撞擊引擎，也可能引發事故。

前幾年，國內有一架××航空公司的民航客機，由印尼(Indonesia)的雅加達(Djakarta)，飛回桃園國際機場，卻不料在抵達時的降落中，失控墜燬於機場附近，造成機身爆裂，乘客一百多人全部罹難的慘重事故。為了慰撫罹難而死的受害者家屬的悲痛情緒，失事的××航空公司，不但理賠每一罹難死亡的旅客（新臺幣）四百多萬元，給予受害的家屬，並且還商請佛教、道教的助念團，為死者助念、引渡、招魂，使其得以瞑目、安息。

（七）因礦坑的爆塌而死亡

地底下埋藏的礦物，如金、銀、煤、鐵等礦石，甚為豐富，不著手開採，殊為可惜；故現今多數已開發的國家，都會聘用具專長的探礦專家，先行勘察地勢、探測礦脈，如發現有足以開採的礦石，即進行炸坑、鋪軌道、安裝照明，並雇用礦工人員下坑開採。

在地底下的礦坑挖掘礦物，危險性極高，常有氣爆、崩塌……等意外事故發生，致人命傷亡的情事，時有所聞；例如前新北市××煤礦坑，於×月×日發生氣爆，轟隆一聲巨響，整個礦坑頓時崩塌，煙霧瀰漫，漆黑一片，如臨世界末日，而礦坑內的所有礦工，全都因窒息而死亡。

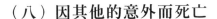

（八）因其他的意外而死亡

意外死亡的情形，除上述的地震、颱風、火災、溺水、車禍、空難、礦坑爆塌……等原因之外，其他的意外情形仍多，不勝枚舉，譬如有因誤食河豚致中毒死亡者；有因昏睡於密閉的汽車內享受冷氣，致一氧化碳中毒死亡者；有因興奮過度，致心臟病突然發作而死亡者；有因吞食年糕、湯圓，致意外噎死的；有因誤觸高壓電線，致遭電擊而死亡的；有因閃避雷雨，而在大樹下遭雷電擊斃的……。

三、意外死亡的防範

人的命運都是如此，當生命體一出生，便要面臨生──老──病──死的自然演化、自然流轉；這生、老、病、死的生死流程，好比是地球的環繞太陽，一直都是依循一定的軌道，自然的運行；人的生死流轉，也是依循一定的原則，自然的改變；當人的肉體生命邁向老化，死亡的時辰一到，肉體的生命便從此告終，就如同熄滅了的殘燭，這便是自然的死亡徵象。

自然的死亡，其死亡的命運，常由自然的定律所主宰，換一句迷信的話說，是由萬能的神所決定，非假手於人的操縱；但人能不能操縱自己的命運、自己的死亡呢？答案是肯定的，譬如自殺，便是自己決定的命運，自己選擇的不歸路，自己了斷自己的生命；而他殺，卻是由他人了斷對方的生命；可是這些都是違反自然定律的不仁行為。

至於意外的死亡，則是脫離自然法則、自然老死的猝不及防所引發的死亡，其死亡的原因，不是人為的「自殺」，也不是人為的「他殺」，而是由於意外事故的遭遇。意外事故不是不能防範，譬如地震發生時，只要採取緊急應變措施，即可以避免意外的死亡；颱風來臨時，只要在來臨前做好防颱準備，居住於山谷、溪邊的居民，即刻遷離經常受災害的地區，便可以防範或避免意外的死亡；用火、用電、用瓦斯，處處謹

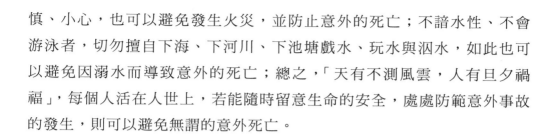

慎、小心，也可以避免發生火災，並防止意外的死亡；不諳水性、不會游泳者，切勿擅自下海、下河川、下池塘戲水、玩水與泅水，如此也可以避免因溺水而導致意外的死亡；總之，「天有不測風雲，人有旦夕禍福」，每個人活在人世上，若能隨時留意生命的安全，處處防範意外事故的發生，則可以避免無謂的意外死亡。

四、意外死亡的善後

　　自然的死亡，大致是由於死亡者生理期限已到，生命的火焰已熄滅，故而自自然然壽盡而去世，可說「死得其時」、「死得其所」。為了對往生的死者，表達至高的崇敬與哀悼，喪家往往會依循傳統的習俗與禮儀，發訃聞、辦喪事，並公開舉行殯葬儀式。

　　人為的死亡，例如自殺與被殺，大多是不名譽或不光彩的事，故喪家對於亡者的喪葬事宜，大致一切從簡，不願宣揚、鋪張，以免招來非議。

　　至於意外的死亡，譬如遭遇強烈地震，致高樓、大廈、房屋傾倒、崩塌，因而被壓死、被窒息而死、受傷而死……；又譬如遭逢強烈颱風、暴雨，被土石流淹沒而死、被傾瀉而來的洪水溺死……；又譬如民航客機遭遇亂流，致飛機失事撞毀、起火燃燒，導致旅客全部罹難死亡……等等，由於死亡者，大多死於意外事故、死於非命，值得同情與哀悼，故除了喪亡者的家屬，有尋找、辨認死體及焚香祭拜的習俗外，宗教或社會團體亦常有如下的義舉。

（一）招魂

　　招魂是喪事中的一種儀式，依照道教的理念、死者在遭逢意外事故之際，其附著於血肉之軀的靈魂，常會因驚嚇過度，而脫離肉體，成為四處遊蕩的孤魂野鬼。招魂的目的，在將其死者的鬼魂招回原體，俾便引度轉

世，輪迴人道，以免淪入餓鬼命運，常見三、四道士，頭戴黑帽，身著道士紅袍，於香壇前誦經、敲木魚、揮旗吶喊，即是招魂儀式。

（二）超度

超度也是喪事中的一種儀式，與招魂一事有同工異曲的作用。依佛教的理念，血肉之軀的人死亡後，其靈魂即脫離身軀，轉化成中陰身，並依死者在生時所造的善惡業報，輪迴轉世為天、人、阿修羅、畜生、餓鬼、地獄等六道，超度的目的，在為死亡者念經，替死亡者超脫畜生、餓鬼、地獄三惡道，而能輪迴轉世為人，或往生西方極樂世界。例如西元二○○一年九月十一日，美國紐約市世貿大樓遭逢劫機的恐怖分子，故意撞毀、破壞後，星雲大師曾於事發後，率同四十名法師，專程赴美國紐約市世貿大樓為罹難不幸死亡者超度祈福。

（三）誦經

誦經也是喪事中的一種儀式，其目的在為彌留狀態的瀕死者，或者肉體已僵硬的死者，助念佛經、吟詠梵音，使其靈魂得以超度、平靜，並接受佛法的引渡，往生西方極樂世界，或再生再世轉世為人道。目前宗教或社會團體，常設有助念團，協助社會人士或社區群眾，為意外事故罹難者，舉辦法事，誦經唸佛，傳布梵音，的確是安定人心、慰撫傷痛的最佳良方。

第四節 ◖ 疾病的死亡

生、老、病、死，這生命流轉的過程，始終都是依循自然法則的軌道運行；「生」是向著「老」的過程流轉，當「老」的轉變過程，能避開「病」的纏繞與折磨，則生命可以持續存在，死亡可以延後；相反的，當「生命」逐漸「老化」之際，肉體即不斷承受「病魔」的侵擾與折

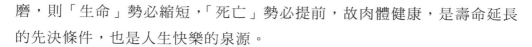

磨，則「生命」勢必縮短，「死亡」勢必提前，故肉體健康，是壽命延長的先決條件，也是人生快樂的泉源。

　　唯人是血肉之軀，萬一遭逢細菌或病毒的侵襲，難免感染疾病，重則立即死亡，輕則仰賴治療；又人體內的臟腑、器官，經過長期的運作，也難免因磨損過多，致發生故障、發生病變、發生死亡的威脅。依據衛福部民國一〇七年的統計資料，顯示國內民眾死亡的原因，依序如下列所舉：

1. 惡性腫瘤（癌症）。

2. 心臟疾病。

3. 肺炎。

4. 腦血管疾病。

5. 糖尿病。

6. 事故傷害。

7. 慢性下呼吸道疾病。

8. 高血壓性疾病。

9. 腎炎、腎病症候群及腎病變。

10. 慢性肝病及肝硬化。

　　上述所列十項死亡原因，除了第六項為意外死亡的原因之外，其餘各項均為疾病死亡的原因。

　　惡性腫瘤，又稱為癌腫，或稱為癌症，是人體外層的皮或內層的皮，以及體內的臟腑、器官所發生的惡性腫瘤，呈凸凹不平、硬而疼痛狀，常生於肝、胃等臟器，婦女則於乳部、子宮等處，最易患此症。癌症是高居首位的死亡原因，依據衛福部民國一〇七年的統計資料，國人罹患癌症而死亡的症狀，依序為：

1. 氣管、支氣管和肺癌。
2. 肝和肝內膽管癌。
3. 結腸、直腸和肛門癌。
4. 女性乳癌。
5. 口腔癌。
6. 前列腺（攝護腺）癌。
7. 胃癌。
8. 胰臟癌。
9. 食道癌。
10. 子宮頸及部位未明示子宮癌。

　　疾病，是生命成長、發展的過程中，面臨死亡威脅的一種病情挑戰，任何人皆不願罹病，但也無法倖免；當疾病感染到自己的肉體，總希望在醫院醫護人員的悉心治療與照護下，能快快的痊癒，快快的脫離死亡的威脅，出院與家人團聚。但是，病情倘若沒有好轉，或者是越加嚴重，或者醫師已告知所罹患的病症是末期癌症，來日不久，活不過一年，或活不過幾個月，我們相信，當罹病者一聽到此一診斷報告，一定會頓感天旋地轉般，心思錯亂、震驚、哀嘆，不知如何面對？

　　罹患癌症的病患，在國內相當普遍，大多罹患者都能面對現實，努力工作，勇敢掙扎，與病魔挑戰，與死神抗爭，終能戰勝病魔，超越生死者，故癌症並不可怕，可怕在為病魔所擊倒，為死亡所折服，如此一來，即使生命的大限未到，人早已魂歸西天了。

　　嚴重特殊傳染性肺炎（COVID-19，簡稱新冠肺炎），是由嚴重急性呼吸系統綜合症冠狀病毒所引發的全球大流行疫情。疫情在 2019 年冬首次爆發於湖北省武漢市，隨後在 2020 年初迅速擴散至全球多國，逐漸演

變成一場全球性大瘟疫，是全球自二戰以來面臨的最嚴峻危機。截至五月底，全球已有 200 多個國家和地區累計報告超過 600 萬名確診病例，導致超過 37 萬名患者死亡。之前因疫情急速爆發，臺灣出現「口罩之亂」以及民眾搶購日常用品的情形，所幸臺灣目前控制得宜，上述情形得以趨緩，更有餘力捐贈口罩幫助世界各國防制疫情。

✛ 附 註

【註 1】　自然的死亡，與人為的死亡不同；自然的死亡，是自自然然無病、無痛、無傷、無血，像睡眠似的消失了生命的跡象。而人為的死亡，是以人力的加功方式，結束自己或他人的生命，例如自殺、他殺的死亡。

【註 2】　人的壽命有限，活到一百歲以上的所謂人瑞，不能說沒有，但活到一百五十歲以上的，卻幾乎找不到，所以，任何人皆無法超越生死、「永生不老」、「永恆不死」。

【註 3】　憂鬱，雖然是一種心病（亦屬精神病），但很多有憂鬱症的人，甚少去門診就醫，因此，因憂鬱而死亡的人，我們只好勉強稱之為自然的死亡。

【註 4】　勞心，並非屬於心病，而是用腦過度的一種徵象。用腦過度，也會促使個體「心力交瘁」、「精神虛弱」，所以其死亡，也算是自然的死亡。

【註 5】　心死，只是心灰意懶、萬念俱灰、不圖振作的心態，雖然也可以算是一種心病，但很少有人會去門診就醫，因此，因心死而死亡的人，我們也稱之為自然的死亡。

【註 6】　自然死亡的過程，不論是靜坐死亡或是躺臥死亡，大致先是深沉的昏睡，而後停止呼吸，再後是肢體的僵硬。

【註 7】　引自陶在樸著「理論生死學」(1999/9)，五南圖書公司出版，第 52 頁。以及參考索甲仁波切著，鄭振煌譯「西藏生死書」(2000/10)，張老師文化事業公司出版，第 308~321 頁。

【註 8】　見星雲大師著「佛教的生死觀」之一「永恆的生命──生死面面觀」。

【註 9】　同註 8。

【註 10】　人為的死亡，是指以「人為」的手段，所發生的死亡而言，包括自殺的死亡與他殺的死亡兩種類型。

【註 11】　愛國型的自殺，又稱為殉國型的自殺，在戰爭時期較常發生，在和平時期則較少發生。

【註 12】　抗議型的自殺，無論中外，仍持續不斷發生。

【註 13】　殉教型的自殺，是一種迷信的行為，大多發生在文化低落的地區。

【註 14】　殉情型的自殺，已隨著社會階級地位的平等，家庭、家長觀念的改變，發生的機率已逐漸減少。

【註 15】　殉道型的自殺，已不多見。

【註 16】　畏罪型的自殺，迄今仍常發生。

【註 17】　逃避型的自殺，將持續不斷的發生。

【註 18】　厭世型的自殺，以年邁的老人以及在學的大、中學學生較多。

【註 19】　負氣型的自殺，常發生在夫妻的口角上，自殺的人以女性較多。目前仍常發生。

【註 20】　羞愧型的自殺，僅是個案，發生的機率並不多。

【註 21】　在戰爭時期，因為任何一交戰國都想求勝，因此不惜犧牲人力、物力，但戰爭結束後，不論戰勝國或戰敗國，總是死亡枕藉，國力大損。

【註 22】　我國的刑罰，分為主刑與從刑，主刑包括死刑、無期徒刑、有期徒刑、拘役、罰金等五種，從刑包括沒收、褫奪公權與追徵、追繳、抵償等三種。死刑是主刑中最重的刑罰。

【註 23】　被殺的死亡，目前發生率很高。

【註 24】　文化基因 Meme，引用自陶在樸著「理論生死學」(1999/9)，五南圖書出版公司出版，第 73~101 頁。

105

生｜命｜科｜學｜記｜事

一、瀕死研討會 1500 人參與

法新社／法國馬賽十七日電

　　醫生、研究人員以及病人今天聚集在法國南部接近馬賽的地方，舉行世界首次進行的瀕死經驗研討會。大約有一千五百人參與這項進行一天的研討會，其中包括一些宣稱曾經有過瀕死經驗的人，這項研討會希望能以最科學的方式評估這項引起不同看法的現象。麻醉以及加護病房醫師夏勃尼爾曾經目睹一些人宣稱有過瀕死經驗的狀況，「曾經腦死的人看到休息室裡，或他們四周發生了什麼事，敘述非常詳細」。

　　這項研討會於接近馬賽的馬蒂格斯舉行，籌辦研討會的巴卡拉表示，「這些人因意外或手術過程中一度接近死亡，他們從無意識的狀態被救了回來，實在是很不尋常」。一份一九八二年在美國發表的研究顯示，八百萬美國人宣稱有過瀕死經驗。

取材自 2006.6.19 中華日報

二、瀕死靈魂出竅，英國實地測驗

編譯鄭寺音／綜合報導

　　未來三年內，二十五家美國與英國醫院的醫師，將觀察一千五百名瀕死後生還的病患，是否會在沒有心跳或腦部活動的情況下，體驗到所謂的「靈魂出竅」。一些人從鬼門關繞過一回後，訴說自己看到隧道或亮光的經驗；也有人說自己飛到天花板邊，從上俯看著為他們急救的醫療人員。這項由英國南安普頓大學統合的大型研究，將在英、美兩國的二十五家醫院進行，研究內容包括將圖片放在架子頂端，除非從上往下看，否則看不到這些圖片等。主持這項研究的帕尼亞博士說：「如果可

以證明腦部停止運作之後還有意識，意識就可能是分開的實體；如果沒人能看到這些圖片，就顯示這些經驗不過是幻覺，或者是錯誤的記憶。」

帕尼亞平時在加護病房工作，從日常工作經驗中，他瞭解到科學對瀕死經驗的探索並不徹底。與一般觀念相左的是，死亡並非某個特定的時間點，而是從心臟停止跳動、肺部功能停止、腦部停止運轉開始的一段過程，這段時間可能持續幾秒鐘到一小時以上，急救人員在這段時間內試著恢復病患心跳，讓病患起死回生。帕尼亞將在這一千五百名病患經歷所謂的「心跳停止」階段時，分析他們的腦部活動，並觀察他們是否能回想起放在架子上的圖片，藉此證實這段時間內他們真的曾有靈魂出竅的經驗。

取材自 2008.9.19 自由時報

三、瀕死經驗，來自大腦缺氧電能激增？

編譯張沛元／綜合報導

科學家針對即將死亡病患的腦波進行研究後發現，所謂的「瀕死經驗」(near-death experiences)，可能不過是即將死亡的大腦電力活動激增所致。據信這是第一份暗示瀕死經驗有其特定生理原因的研究。

英國泰晤士報週日版 30 日報導，不少擁有瀕死經驗者將此視為人生還有來世的證明，但這份已刊載於「安寧緩和醫療期刊」的研究，卻提出不同看法。研究人員指出，即將死亡病患的腦波的電力活動會激增，此一激增可能導致所謂的「瀕死經驗」，也就是那些一度瀕臨死亡，但稍後起死回生並宣稱曾走進一團亮光，或曾飄離肉體的神祕醫學現象。

研究團隊負責人、美國喬治華盛頓大學醫學中心加護病房醫生喬拉指出，所謂瀕死經驗，應該是肇因於腦部缺氧所導致的電能激增；隨著血液循環變慢與氧氣含量降低，腦細胞發出最後一次電能脈衝；一開始僅限於腦部某一部分，然後逐漸擴散激增，進而給當事人清晰的精神狀態。

死前 3 分鐘　腦波爆炸性活動

　　喬拉研究團隊使用腦波檢查器(EEG)，測量 7 名絕症病患腦部活動。EEG 目的在於確保對這些病入膏肓病患所施打的鎮定劑足以止痛；但喬拉等人注意到，這些病患死前腦波會出現如爆炸般的活動，歷時 30 秒到 3 分鐘不等。當這些爆炸般的活動逐漸消退，病患便被宣告死亡。

　　據信喬拉的研究是第一份暗示瀕死經驗有其特定生理原因的研究。儘管這項研究只提到 7 名病患，但喬拉說，同樣情況（指病患死前的腦波活動激增）他至少看過 50 次。喬拉認為，這份研究是瞭解瀕死經驗的第一步，他計畫使用更先進的 EEG 來進行深入研究。

　　針對喬拉等人的研究，英國的「復活過程中的意識」研究領導人、美國紐約康乃爾醫學中心加護病房醫生帕尼亞認為很有趣，但對其結論持審慎態度，理由是沒有證據顯示喬拉等人所觀察到的腦電波激增，與瀕死經驗有所關聯，「既然（研究中的）所有病患皆已辭世，我們無法判定他們經歷了些什麼。」

取材自 2010.5.31 自由時報

四、研究瀕死先鋒之作《死後的世界》出版

林欣誼／臺北報導

　　醫學博士穆迪(Raymond A. Moody)在一九七五年出版的經典作《死後的世界》中，透過採訪轉述了這些真實經歷，首度對「死後世界」的存在提出有力印證，為研究瀕死經驗的先鋒之作。二〇〇〇年穆迪添增後記推出廿五周年紀念版，近日在臺出版。穆迪在書中研究一五〇個瀕死經驗的案例，包括死而復活者、重病中差點死去的人等，將他們的經驗歸納出靈魂出體、看見強光，快速回顧人生等十五個共同現象。

這本書出版後受到宗教界、科學界的反駁與嘲笑，然後穆迪說，他並不是想「證明」死後有生命，他相信人類對死亡本質的任何探究都是好事，「因為我們對於死亡的認識，會對我們安身立命的方式產生重大的改變。」穆迪擁有文學碩士、哲學博士，後來決定念醫學院，取得西喬治亞學院心理學博士學位，曾任喬治亞州醫院鑑識精神病學家，並任教於大學。他以這本書首度提出「瀕死經驗」(near-death experience, NDE)一詞。

在廿五周年紀念版後記中，他宣告自己走向超自然領域，研發出一種類似招魂的系統，能讓人與死去親人的靈魂見面，甚至讓人到「彼岸」世界看一眼再回到人間。

取材自 2012.9.26 中國時報

五、看見亮光，靈魂出竅

瀕死經驗或因腦活動激增

諶悠文／綜合報導

有些從鬼門關前回來的人，會描述看見亮光、感覺靈魂出竅，或過去的一切在眼前閃過之類的「瀕死經驗」。美國科學家 12 日表示，這可能是心跳停止後 30 秒內，大腦活動激增所造成。

據統計，心跳停止以後又活過來的人，有 20% 經歷了「瀕死經驗」。為了研究瀕死經驗，美國密西根大學研究員把 9 隻實驗大鼠麻醉，讓牠們心臟驟停，同時使用腦電圖(EEGs)記錄其大腦活動。結果發現，所有老鼠在心臟驟停的 30 秒內，其高頻腦波激增，且具有與意識和視覺活動相關的特徵。研究指出，瀕死時大腦活動激增，顯示在心跳停止，血液停止流向大腦的「臨床死亡」狀態後，仍有某種程度的意識存在。

　　密大醫學院神經學兼分子與統合生理學副教授波吉金(Jimo Borjigin)說：「這項研究告訴我們，心臟驟停期間，氧氣減少或氧氣與葡萄糖雙雙減少，會刺激大腦產生類似有意識特徵的活動。這項研究也首度為瀕死經驗提供科學架構。」她說，許多人以為臨床死亡後，腦部就停止活動，或減少活動，研究發現並非如此，她希望這項研究能為將來探討人類在瀕死經驗，奠定基礎。研究結果刊登於美國《國家科學院學報》(PNAS)。

　　密大麻醉學與神經外科教授馬紹爾表示：「看到如此高度的活動，令我們訝異。事實上，瀕死時，許多已知與意識有關的腦電波特徵，甚至超過清醒狀態。這顯示在臨床死亡初期，大腦還能組織良好的電流活動。」不過，科學界主流觀點一直認為，心臟驟停後大腦就停止活動，也有專家質疑對實驗大鼠的研究，是否能套用在人類身上。

取材自 2013.8.14 中國時報

第 4 章

預立遺囑與死生議題

第一節　預立遺囑

第二節　器官移植

第三節　安樂死

第四節　安寧療護

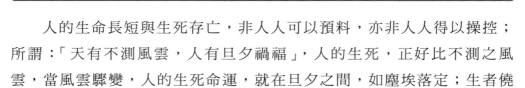

第一節 ❰ 預立遺囑

　　人的生命長短與生死存亡，非人人可以預料，亦非人人得以操控；所謂：「天有不測風雲，人有旦夕禍福」，人的生死，正好比不測之風雲，當風雲驟變，人的生死命運，就在旦夕之間，如塵埃落定；生者僥倖存活，容或苟延殘喘；而死者則肢體僵硬，已不省人事矣！

　　人的生命一旦消逝，肢體一旦僵硬，接著面臨的問題，是如何處理遺體？捐贈可用的器官給急需移植的病患？或者捐贈遺體供學術研究機構——如大學醫學院，作為解剖教學或製作人體標本之用？其遺體在失去可利用的價值後，究係採火化？抑或土葬？又往生（死亡）者生前如有財產，死後其財產該如何分配？具有繼承財產權者，又該如何合理的繼承？倘往生（死亡）者，生前又有未清償的債務，死後又當如何？是否可以就此一筆勾消？抑或仍由其子女或其他具有法定繼承權之親屬代為清償？凡此種種，往生（死亡）者在生前，如能預立遺囑，則往生（死亡）後，其親屬對其身後事，自能依其所立遺囑，妥善處理，不致盲然不知所從；不致違背往生（死亡）者的意願；更不致因遺產之繼承與分配，釀成子女或有關親屬之間相互齟齬，反目成仇，甚至大打出手，互不相讓，掀起刑事或民事上之訴訟。

一、遺囑的意義

　　人是血肉之軀。人的血肉之軀，既然承繼了父母的血緣而萌發了生命，便逐漸的發育、成長，並在正常的呼吸、心跳、血液循環、新陳代謝、攝取營養……等肉體功能的運作之下，繼續的存活下去，直至機體功能衰退，血液循環停滯，腦幹失去活力，於是人的肉身便面臨死亡，所以，人既有生（即生命），便有死（即肉體的死亡），這是千載不移的自然定律。

114

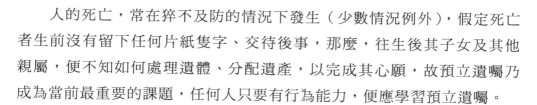

　　人的死亡，常在猝不及防的情況下發生（少數情況例外），假定死亡者生前沒有留下任何片紙隻字、交待後事，那麼，往生後其子女及其他親屬，便不知如何處理遺體、分配遺產，以完成其心願，故預立遺囑乃成為當前最重要的課題，任何人只要有行為能力，便應學習預立遺囑。

　　什麼是預立遺囑呢？預立是預先訂立的意思。而遺囑即是遺囑人在生前就自己的死後遺體如何處理？葬儀如何舉辦？乃至遺產如何分配……等問題所為的囑咐。例如某大學醫學院教授×××，在遺囑上書明「願於死後，將遺體捐贈給學校製作標本，供醫學院教學之用」。某大學學生王××，於車禍受傷、即將死亡之前，向主治醫師康××，一再囑咐：「願於死後，捐贈可用的器官給需要移植的人」……等等，即屬於遺囑的一種。

二、遺囑的類型

　　遺囑本無種類之分，但從其意思表達之方式，以及衍生的法律效果之不同，得勉強為如下之分類：

（一）習慣上常用之遺囑

1. 遺言：

　　　即往生（死亡）之人，在臨終前向其身邊之親屬，例如父母、配偶、子女以及其他有關之親屬，所為之意思表示。其意思表示之遺言內容，不外吐露最牽掛的事、未完成的心願、身後事的處理、遺產的分配……等等，例如世界偉大的數學家和物理學家愛因斯坦(Albert Einstein)在臨終之前，囑咐他的家屬，當他的肉體安息之後，只要在埋葬遺體的墓碑上，刻上「愛因斯坦到過地球一回」，就足以告慰天下，留下永不磨滅的紀念，這便是遺言的例子。又例如某女作家×××，與夫婿×××結縭多年，兩情繾綣，不料好景不常，女作家竟罹患乳癌絕症，

115

長治不癒，某日於其臨終病床上，向其夫婿告別：「親愛的……，感謝你多年來的關懷與扶持……，當死神奪去了我的肉體生命，請你莫哀傷……，我的遺體不值錢……，就請你將她火化，並將骨灰灑在太平洋上……，讓我的靈魂歸宿在藍藍的海洋……，別了，別了……，親愛的……，我……真……捨……不……得……呢！」；女作家說完遺言，就撒手歸天了。再例如某少年×××，嗜好飆車，某日深夜竟於飆車中發生車禍，被送至××醫院急診室急救，因傷重不治，於臨終前哀傷的向床邊的父母懺悔：「爸……媽……，我好怨嘆……，好悔恨……，我這麼年輕……竟然要離開人間……，告別父母……；我死了後……，請將我的遺體……捐給×××大學醫學院作為解剖教學的「實體」，……我只能以此區區的身體……來回饋社會……爸、媽……，別傷心……別難過……就當著我是旅居外國吧……」。少年的眼皮緩緩閉上，身體一顫動，心跳停了，呼吸也停了，就這樣說完遺言，生命就結束了。

　　遺言，大至牽涉國家大事，少至交待未了心願，雖然在生之人，多會依照所囑，努力以赴，竟其心願，但缺乏法律上之效力，假定其遺言涉及財產之繼承問題，一旦發生糾紛，因證明力薄弱、缺乏見證人之見證，其財產之繼承只得另尋其他法定途徑，以謀解決。

2. 遺書：

　　即往生（死亡）之人，於往生（死亡）之前，就切身遭遇、親情感恩、遺體處理、未竟心願、遺產分配……等問題，以通用之文字撰成文書，而於死亡後遺留給在生之親屬也。例如××大學三年級學生陳××，因課業成績不佳，四、五種學科須重修，壓力大、情緒低落，竟萌生厭世念頭，某夜於書寫遺書之後，獨自徘徊於校舍四樓，旋即縱身跳下，當場死亡；其衣服口袋中所遺留之遺書，字跡潦草，但從其字形仔細觀看，仍可辨識，內容是這樣的：「爸、媽，原諒孩子的不

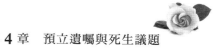

孝，我實在不應該如此輕生，但我又沒有勇氣生活下去、奮鬥下去；我在學校裡雖然很努力課業，但天分不好，成績欠佳，平日心理壓力大，生活缺乏樂趣，在無可奈何之下，只好以死解脫……，爸、媽，對不起，辜負了你們的養育之恩……」。企業家×××，一生克勤克儉，吃苦耐勞，當事業有成時，卻又樂善好施，頗得人緣，唯晚年喪偶又多病，自知來日不多，乃將公司之經營權交由兒子×××掌管，並將所有之產業由其獨子繼承。企業家×××逝世後，律師×××於某日將受託之遺書一封交由其子拆閱，其內容如下：「××吾兒：父親早年無父無母，孤苦伶仃，幸得孤兒院收容，才不致居無定所、三餐不繼，流浪街頭；父親後來能接受完整的學校教育，可說全賴孤兒院院長×××的扶攜、督促與栽培，且初入社會、開創事業之際，亦常受其鼓勵與協助，是故事業有成時，每每期望能回報於萬一，不料事與願違，父親晚年後，孤兒院院長×××亦年邁逝世，無能回報，故耿耿於懷。今父親事業既由吾兒×××繼承經營，自當延續父親遺志，繼續發揚光大，切莫奢侈浪費、好大喜功，致傾家蕩產，演變成敗家子。為感念孤兒院當初對父親的收容與栽培，並回饋社會，請於父親逝世一周年之日，設立清寒獎學金，並捐贈新臺幣一千萬元給予××孤兒院，切記。父親×××親筆××年××月××日」。被尊稱為中華民國　國父的孫逸仙先生，於西元一九二五年三月十二日臨終之前，亦曾遺言同志，勉其繼續努力、共同奮鬥，以竟中國之自由與平等，其遺言為其忠貞同志記載成遺囑，是為遺書之一種，內容如下：「余致力國民革命，凡四十年，其目的在求中國之自由平等。積四十年之經驗，深知欲達此目的，必須喚起民眾及聯合世界上以平等待我之民族，共同奮鬥。現在革命尚未成功，凡我同志，務須依照余所著《建國方略》、《建國大綱》、《三民主義》及第一次全國代表大會宣言，繼續努力，以求貫澈。最近主張開國民會議及廢除不平等條約，尤須於最短期間，促其實現，是所至囑」。

　　遺書，與遺言一樣，大至關係國家大事，小至交待身後瑣事，或未竟心願，雖然在生之人，多會遵照所囑，努力以赴，以竟心願，但遺書如涉及財產之繼承問題，若無遺囑人之囑咐與簽名，見證人之見證，便缺乏法律上之效力；又債權債務之繼承，在生之繼承人，得依遺書上所載繼承，但亦得依法拋棄。

（二）法律上明定之遺囑

　　法律上明定之遺囑，雖係遺書之一種，但須遺囑人簽名，或見證人之見證，始能發生法律上之效力。民法繼承編明定之遺囑，大致有下列幾項：

1. 自書遺囑：即由自書人自書遺囑全文，記明年月日，並親自簽名。由於遺囑全文，關係遺產之繼承、債權債務之交待、財物之遺贈……等，故如有增減、塗改，應註明增減塗改之處所及字數，並另行簽名。此項自書遺囑，毋須見證人之簽名。

2. 公證遺囑：即由遺囑人連同二人以上之見證人，在法定的法院公證人前，口述遺囑意旨（包括遺產之繼承、財物之遺贈、債權債務之交待），並由公證人記錄、宣讀、講解，經遺囑人認可後，記明年月日，而後由公證人、見證人及遺囑人同行簽名。遺囑人不能簽名者，由公證人將其事由記明，使按指印代之。

3. 密封遺囑：即遺囑人於遺囑上簽名後，將其密封，並於封縫處簽名，連同所指定之二人以上之見證人，向法院公證人提出，陳述其遺囑確係自己所書寫；如非本人自寫應陳述代筆人之姓名、住所，由公證人於封面記明，並記載遺囑提出之年月日及遺囑人所為之陳述，最後由公證人與遺囑人及見證人同行簽名。

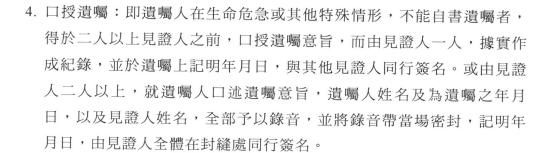

4. 口授遺囑：即遺囑人在生命危急或其他特殊情形，不能自書遺囑者，得於二人以上見證人之前，口授遺囑意旨，而由見證人一人，據實作成紀錄，並於遺囑上記明年月日，與其他見證人同行簽名。或由見證人二人以上，就遺囑人口述遺囑意旨，遺囑人姓名及為遺囑之年月日，以及見證人姓名，全部予以錄音，並將錄音帶當場密封，記明年月日，由見證人全體在封縫處同行簽名。

5. 代筆遺囑：即遺囑人在三人以上見證人之前，口述遺囑意旨，並由見證人一人記錄、宣讀、講解，經遺囑人認可後，記明年月日，及代筆人姓名，而後由見證人全體及遺囑人同行簽名。如遺囑人不能簽名者，應按指印代之。

　　以上，自書、公證、密封、口授與代筆等遺囑制作方式，為民法繼承編所明定之法定程式；不論採用哪一種制作方式之遺囑，均須符合法定之形式要件，否則形式要件不備，即失去其法律上之效力，所立之遺囑便形同廢紙，特別是牽涉遺產繼承一項，必須依法定之程序辦理。【註 1】

119

三、預立遺囑的新時代觀念

　　遺囑，既然是遺囑制作人在生前所囑託與吩咐如何處理死亡後遺產及遺體的一種文書，表面上來看，似乎是一種無關緊要的委託書，沒有多大用處，但當個人不幸罹患絕症、重疾與急症，而面臨死亡的命運時，卻有依生前所預立之遺囑，處理後事的功效，是故在生之遺族，自應依其所囑妥善料理後事，以竟其願望，不負其所託；特別是人生短促，生命無常，一個人在什麼時候會突然死亡，不是我們所能預料得到，所以預立遺囑在現時代的社會，顯得格外重要。

　　預立遺囑，可說是生死學方面，一再提倡的新觀念、新思想，它是每一個人在生涯規劃中，必須規劃的「死亡計畫」，讓自己在死亡後，能在親人的協助下，完成未了的心願，這個心願，包括遺體的處理（火化

抑或土葬）、葬儀的舉行（佛教式葬儀、基督教教會式葬儀、抑或民間流傳的通用葬儀）、器官的捐贈（包括遺體的捐贈）、安葬的處所（抑或安置××靈骨塔）、財產的分配……等等；有了遺囑的預立，可以促使預立遺囑人高枕無憂，心無罣礙，安身立命，勇敢面對未來的生死，不哀傷、不怨恨，安詳的走完自己的一生。

四、預立遺囑的原則

預立遺囑，經過生死學的研究者一再大力鼓吹之後，竟成了人人必須接納的新思想、新觀念。只要是滿二十歲有行為能力人，能對自己的所作所為負責，同時其行為又能發生法律上的效力，則可為自己的未來預作生涯規劃，為自己的死亡預立遺囑，使自己這一生活得有意義，活得無牽掛，一旦死亡時，亦有親人協助處理遺囑上所吩咐的心願，不致抱恨而去。那麼，這遺囑該如何預立？我們提出下面幾項原則供參考。

（一）要現在預立

預立遺囑，既然是生前預先訂立死亡後的遺囑，那麼從現在開始，只要你是有行為能力人（滿二十歲），就可以著手預立遺囑，不必等到快死才草草撰寫，也不必經法定代理人（如父或母）的同意；你可以仔細考慮後，就死後遺體、器官的處理、未了的心願……等等，作一清楚的囑咐就可以。

（二）要慎重其事

預立遺囑，是計畫自己的死亡；換句話說，它是計畫自己死後的大事，不是計畫何時死亡？如何死亡的問題。死後的大事很多，例如死後身體器官的捐贈，遺體的火化、寢塔、海葬、土葬，葬儀的舉行，遺產的繼承……等等，均是遺囑預立的重點。預立遺囑，是極其嚴肅的大事，必須慎重其事，不能兒戲。

（三）要文簡意賅

遺囑是由預立的人，運用通用的文字，撰寫成通順的語句，用以表達遺囑的意旨，所以，遺囑的文詞語句，必須文簡意賅，一目瞭然，切勿囉囉唆唆，令人煩厭；例如「我死後，請將我的身體內器官，分別捐贈給急需手術移植的病患，不可以的話，我的身體就火化或安葬在××的山坡上……。」顯得很囉唆，沒有定見，讓人不知死者的遺體，到底是要火化？抑或是要土葬？所以，預立遺囑，力求文簡意賅，淺明易懂。

（四）要字跡清楚

遺囑的撰寫，需要運用通用的文字，親人才看得懂；同時書寫時，要一字一字寫端正、清楚，切勿潦草、歪斜，錯字越少越好，這樣的遺囑，才有人願意看，而預立遺囑的人，才有人格上的尊嚴。

（五）要表明心願

遺囑的預立，目的是在表明死後的心願，或者是囑託料理後事，無關緊要的遺囑，是沒有多大用處的；預立遺囑的人，不一定要高齡、老邁，也不一定要病入膏肓、無藥可治，而面臨死亡之時；只要具有行為能力，無論男女老少，人人都可以為自己的未來死亡預立遺囑，表明死後的心願、囑託後事，例如「假若我死了，請將我的遺體，埋葬在山明水秀的湖畔」；「我若不幸離開塵世，請照顧我的子女」；「有朝一日，當我老死了，我的遺產就由獨子××繼承」……等等，便是遺囑上所表明的意旨。

（六）要簽名作證

遺囑的預立，如涉及財產的繼承，一定要依民法的規定辦理。除了自筆遺囑得由自筆人簽名，並記明年月日之外，凡代筆遺囑、口授遺囑、密封遺囑與公證遺囑等，均須有二人以上之見證人，簽名作證，才具法律上之效力。

121

五、預立遺囑的範例

預立遺囑，已成為現時代不可抗拒的趨勢，舉凡年滿二十歲以上，有行為能力人，不論男女老幼，均可在生前為自己未來的死亡預立遺囑，交代後事，託付心中的意願，如此當可安身立命，營造幸福快樂的生活，不必為未來的命運擔憂。預立遺囑，沒有一定的規範可循，撰寫的人，只需將自己一旦面臨死亡，心中有什麼意願？有什麼託付？如何處理遺體、遺產……等事情，以文字表明就可以，不必擔心寫不好。下面，我們特別介紹幾個範例：

（一）死亡意願遺囑

「死亡與成熟或年老一樣是一個事實——它是生命必然的現象。如果我——有一天無法參與決定自己的未來，就讓這份聲明代表我的意願——此刻我的大腦還很清醒。

如果將來我的身體或心理傷殘的情形沒有恢復的希望，我要求讓我死去，而不要任何人工方法或『冒險的』治療方式讓我苟延殘喘。我不想病情惡化，依賴他人或忍受無望的痛苦，它們會使我喪失尊嚴，我對它們的恐懼程度，並不亞於我對死亡的恐懼。因此，我要求仁慈地給我必要的藥物，以減少痛苦——即使這會加速我的死亡。

我在仔細考慮之後，提出這項要求。我希望所有關心我的人都能感到有道德義務要接受這項委任。我知道這是交代給你們一個相當沉重的責任，但是這紙遺囑的目的，就是要解除你們內心的負擔，我根據自己堅強的信念，將它加諸我自己身上。」【註 2】

這是一紙詞句優美、頗有文學色彩的遺囑，但太囉唆、太艱澀，不夠簡明。

（二）捐贈遺體遺囑

> 　　本人＿＿＿＿＿＿＿已罹患肝癌多年，其病情進展至死亡已不可避免，茲鄭重聲明，倘若本人不幸病歿，願將遺體無條件捐給××醫大，供教學與研究之用。
>
> 預立遺囑人：＿＿＿＿＿＿　國民身分證字號：＿＿＿＿＿＿＿
>
> 住址：＿＿＿＿＿＿＿＿＿＿＿＿＿　電話：＿＿＿＿＿＿
>
> 遺囑人配偶：＿＿＿＿＿＿　國民身分證字號：＿＿＿＿＿＿＿
>
> 住址：＿＿＿＿＿＿＿＿＿＿＿＿＿　電話：＿＿＿＿＿＿
>
> 　　　　　　　　　　　　　　　　××××年　　××月　×××日

　　這一紙遺囑，文簡意賅，容易瞭解遺囑意旨。

123

（三）遺產繼承遺囑

> 　　我＿＿＿＿＿＿＿已逾八十高齡，身體雖然健康，無病痛，但自知來日已不多，茲鄭重囑咐，假若有朝一日，我不幸去世，請簡辦喪儀，將我的遺體火化，並將骨灰安置在××靈骨塔奉祀。我的××公司產業，由長子×××承繼，××公司產業，由次子×××承繼，××土地二筆遺贈給××孤兒院，房屋一棟（四層樓房）過戶給長女×××。
>
> 　　謹此　囑咐。
>
> 　　預立遺囑人
>
> 姓名：＿＿＿＿＿＿＿國民身分證字號：＿＿＿＿＿＿＿
>
> 住址：＿＿＿＿＿＿＿＿＿＿＿＿＿電話：＿＿＿＿＿＿
>
> 　　見證人
>
> 　　　　　　　　　　　　　　　　××××年　　××月　×××日

這一紙遺囑，是屬於遺產繼承方面的文書，必須依民法的規定辦理，同時須見證人二人以上之簽名，始具法律上之效力。本遺囑並非標準規格，僅供參考。

（四）告別父母遺囑

爸、媽：真沒想到我年紀輕輕就罹患血癌，即將與您們永別了，我多麼難過、多麼不捨呢！

爸、媽：萬一我就這樣無聲無息的離您們而去，請不要哀傷噢！我知道這是我的命，我沒有能力逃避，我只能默默承受，不讓眼淚潸潸而下……。

爸、媽：我安息後，請將我的遺體安葬在我日日嚮往的山坡上，讓我能遠眺青山綠樹，近看湖畔水波，並請在我的墓塚上遍植野花野草，讓我能終日與花草為伴，不覺空虛寂寞。

爸、媽：原諒女兒的不孝，今生不能孝敬您們，來生再報答吧！

女兒×××絕筆　××年×月×日

這是一紙有血有淚、令人感傷的遺囑，遺囑如能這樣書寫，那是最貼切、最哀憐、最動人、最能令人同情的了。

第二節 ☾ 器官移植

人的肉體死亡，很多原因是由於罹患疾病所造成。疾病的種類雖然很多，但是大部分與人體的器官有關：譬如肝臟的疾病，輕者有肝發炎，重者有肝癌；肺臟的疾病，輕者有感冒、咳嗽，重者有肺癆、肺癌；胃腸的疾病，輕者有消化不良，重者有胃腸癌。而人體器官的疾

病，不是由於細菌或病毒的傳染，就是由於操勞過度、營養不足，或者是由於暴飲暴食、調養失當，致器官損傷、敗壞。人體器官的損傷、敗壞與功能消失，在過去，罹病者只能忍受疼痛，等待死亡的宣判；而現今，由於醫學技術的進步，只須將罹病者的某一敗壞器官摘除，而移植另一功能正常的同類器官，罹病者即能起死回生，挽回生命，這是現今醫學技術的一大突破。

一、器官移植的意義

　　人體內的器官，好比是一部機械的零件，機械要能正常運作，發揮功能，必須零件牢固，沒有破損。假定機械的零件，破損或鬆脫了，便必須更換並固牢，才能避免發生故障；人體內的器官，也是如此，人體的功能發揮，有賴器官的健康、合作，倘若器官發生了病變，亮起了紅燈，便必須趁早對症下藥，以免逐漸惡化，發生功能的故障；若是某一部分器官，已敗壞到不堪運作，便必須早早割除，重新移植功能強壯的同類器官，才能挽救人體功能的失調，不致導致人體生命的消失，這便是現時代醫學技術所稱的「器官移植」。

　　那麼，什麼是「器官移植」呢？「器官移植」是指罹病者因某一器官的敗壞，失去正常的功能，經由醫師手術割除，並移接入另一功能正常的同類器官的臨床過程。當然，器官的移植，必須藉助精密的器材與技術，將有關的部分縫合、連接起來，只要病體沒有排斥作用，這顆從另一個人體內摘取的同類器官，便能逐漸的發揮正常的運作功能；而原本即將邁入鬼門關的病人，便因這一顆從外方贈送的救星——同類器官的移植，起死回生、復活人間。可見器官移植的目的，在挽救病人的生命，只要器官的來源不成問題，應該可以挽救更多病人的生命。

125

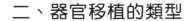

二、器官移植的類型

二十世紀以來，醫學科技突飛猛進，大放光彩；先是有人體血管縫合技術的發明，接著有種種人體器官移植的嘗試與成功，例如西元一九三○年，俄國醫師開始嘗試人體的腎臟移植，迄至西元一九五四年，才由美國波士頓市(Boston)的一家醫院移植腎臟於人體成功。而西元一九六三年，開始有肝臟移植的嘗試；西元一九六七年，開始有心臟移植的嘗試；西元一九七○年後，才開始有肺臟移植的嘗試。最令人驚訝、興奮的，莫過於美國的一位名叫克拉克(Barney Clark)的先生，因為心臟的敗壞、功能的失調，移植了一個人工心臟，竟然使他起死回生，從鬼門關邊緣復活過來。【註3】

器官的移植，近年來在臺灣也頗為普遍，舉凡心臟移植、腎臟移植、肝臟移植、眼角膜移植……等，都有成功的例子。目前器官移植的最大難題，不是技術問題，也不是器材、設備問題，而是器官的匱乏問題；換句話說，器官的移植，假若缺乏或沒有器官捐贈者的捐贈，移植手術便無法進行，連帶的器官敗壞、急需更換的病人，則只好自求多福，等待奇蹟的出現。否則，便只有等待死亡一途。器官的移植，並非無所不能；人體內有些器官的敗壞或惡化，僅能手術割除，不能移植、更換，例如子宮癌，僅能切除子宮，很少有移植另一子宮的例子；胃腸癌，也僅需切除胃腸癌蔓延的部分，很少有移植另一胃腸的例子。器官的移植，依據民國九十二年三月二十日行政院衛服部發布的「人體器官移植條例施行細則」的規定，得以移植器官的類目，僅限於下列幾種：

（一）泌尿系統之腎臟

泌尿系統，包括腎臟、輸尿管、膀胱、尿道……等器官，而得以移植的器官，僅限於腎臟；腎臟為分泌尿液的主要器官，常罹患的病症，有腎臟結石、腎臟發炎、腎臟腫瘤等，倘若腎臟因病變致失去機能時，則需要手術切除，並移植另一機能正常之健康腎臟。

（二）消化系統之肝臟、胰臟、腸

　　消化系統，包括口腔、咽喉、食道、胃、腸、肝臟、胰臟……等器官，而得以移植的器官，僅限於肝臟、胰臟與腸等三種。肝臟位於橫膈膜右下側，為分泌消化液的最大器官，常罹患的病症，有肝炎、肝硬化、肝腫瘤、膽石病等，倘若肝臟病症嚴重或肝臟衰竭致失去機能時，則需要手術割除，並移植另一機能正常之健康肝臟。至於胰臟，位於胃部後方，形狀如牛舌，能分泌胰液，幫助消化，並調節醣類的新陳代謝作用，如果因病變、惡化，致失去正常機能時，亦應手術切除，並移植入另一機能正常之胰臟。其次，腸有小腸與大腸之別，小腸連接胃部幽門之括約肌，盤旋於腹腔之中央及尾側部，外為大腸所圍，大腸自右腸骨窩的盲腸繞至肛門處，小腸及大腸如有病變或局部惡化，亦得為移植之手術。

127

（三）心臟血管系統之心臟

　　心臟血管系統，又稱為血液循環系統，主要的器官，包括心臟與血管，而得以移植的器官，僅限於心臟。心臟是管理血液運行的器官，上大下小，上邊有左右兩個心房，下邊有左右兩個心室，它是一個會伸縮的囊，在囊的兩端各有一個門，擴張時，一邊的門會自動關閉，只開一邊的門，血液就從這一開的門流入心臟；收縮時，本來開的門即關閉，關閉的門即開起來，血液便從這開的門，被壓送出去。如此一伸一縮，血液便從心臟的這邊，流到心臟的那邊，心臟的這邊，接著靜脈，那邊接著動脈，所以，血液的循環，是由靜脈經過心臟而流入動脈。心臟最常見的疾病，有狹心症、急性心肌梗塞、風濕性心臟病、細菌性內膜炎、高血壓症、心臟衰竭……等等，心臟如果因疾病而敗壞，致失去正常機能，則須手術割除，並移植入另一人體所捐贈之健康心臟，或者移植入「人工心臟」（已有成功移植的先例）。

（四）呼吸系統之肺臟

呼吸系統，包括鼻腔、喉頭、氣管、肺臟……等器官，而得以移植的器官，僅限於肺臟。肺臟為人體內的主要呼吸器官，位於胸腔內，在心臟兩側，分左右兩葉，右肺短大，左肺長而狹小，上部近鎖骨、下部接橫膈膜。肺臟常罹患的病症，有肺炎、肺癆、肺水腫、肺氣腫……等，肺臟如因病變、惡化，致某部分機能失調，亦得手術割除，並移植入另一人體捐贈之功能正常的肺臟。

（五）骨骼肌肉系統之骨骼、肢體

骨骼肌肉系統，又稱為人體支架系統，骨骼指包括四肢、軀幹、頭顱……等部分的骨頭，所組成的骨架；肌肉指保護骨骼與體內器官的橫紋肌、平滑肌及皮膚等所組成的肉體。骨骼與肌肉，雖構成人的身體，不可分割，但僅限於骨骼及肢體得以移植。【註4】

（六）感官系統之眼角膜、視網膜

感官系統，包括視覺、聽覺、嗅覺、味覺、膚覺……等器官，這些器官，僅限於視覺器官中之眼角膜及視網膜得以移植。視覺器官中之眼球，雖然構造複雜，其名稱有眼角膜、虹膜、瞳孔、水晶體、毛狀肌、玻璃狀液、網膜、桿狀細胞、錐體細胞、中央窩……等之多，但眼角膜位於眼球之最前方，較易受傷害而失明，因此，眼角膜因受傷害致影響視力者，得以移植他人捐贈之眼角膜。【註5】

至於視網膜，位於眼球膜性囊的內層，有無數視神經纖維分布成網，為感光之重要部位，如有嚴重剝離或受損，亦得為移植之手術。

（七）其他經中央衛生主管機關依實際需要指定之類目

凡經中央衛生主管機關指定或允許之其他器官，如自體或他體之皮膚、血管……等，亦得於臨床醫術上，為救治病患的迫切需要，摘取自

體或他體的皮膚、血管，為移植之措施。未來，由於醫術科技的突破、發展與猛進，不能懷胎、生育子女的婦女，將可移植他人捐贈之子宮，恢復生育的能力（男變性為女者亦可移植子宮），唯仍須法律的允許。同時，須有先進國家移植成功的先例可依循（目前只是預測有此可能）。

三、器官移植的器官來源

　　器官移植，已成為現時第一流醫院最熱門的臨床手術之一，可以挽救很多因器官敗壞、機能喪失，致急需更換器官的病人的生命；可以誇稱是一件值得喝采、宣揚的好事。但是，移植器官，必須有豐足的器官來源，在「人工器官」尚未普遍發明、製造、使用、移植成功（人工心臟已有移植成功的先例）的先例之前，器官移植的器官來源，僅依賴熱心人士的捐贈；唯熱心人士的捐贈器官，只是九牛一毛，不足以因應眾多急需更換器官的病患，所以必須多加宣導、鼓勵；最好在大學院校，講授生死學課程時，能鼓勵在校學生「預立遺囑」，立下「如果我遭遇意外事故不幸死亡，願將體內器官無條件捐贈給那急需移植器官的病患」的宏願；同時，社會熱心人士也可以組織「器官捐贈協助會」，協助鼓勵、宣導，並建立網際網路資料，以供醫院之參考。

　　一般而言，器官、組織之捐贈，大致有兩個途徑，一個是死體捐贈，一個是活體捐贈，下面我們稍加說明：

（一）死體捐贈

　　死體捐贈，是指移植器官所需的器官，來自死體的捐贈。器官的捐贈，是一件救人生命的善事，當在生者即將面臨死亡；或自知來日已不多，死亡已迫在眼前，而有死後捐贈器官的意思表示，則醫師或最近親屬，應即予以支持與鼓勵。死體的器官捐贈，依「人體器官移植條例」第六條的規定，必須合於下列條件之一，醫師才得以自屍體摘取器官：

1. 經死者生前以書面或遺囑同意者。

2. 經死者最近親屬以書面同意者。

　　死者生前捐贈器官之意思表示，既有合法之書面證明，則其死後醫師自得據以解剖屍體、摘取器官，為器官移植之實施，並得將多餘之器官，儲存於「人體器官保管庫」內，亦得運送遠方醫院，為病患實施器官之移植，例如前成大附設醫院某醫師，曾攜帶移植器官用之器官，由高雄小港國際機場，搭乘××航空飛機，飛往香港；再由香港轉機飛往上海浦東機場，並快速運送至××醫院，完成運送器官移植病患的任務。

　　死體的器官捐贈，最近幾年來，在國內已蔚成風氣，例如曾轟動一時的擄人勒贖而故意殺被害人的白×燕案，其凶嫌之一陳×興被判死刑定讞後，在行刑前幾天，曾立下心願，願於死後將死體內器官，無條件捐贈給需要移植器官的人，不料有人欣然接受捐贈之器官，也有人憤然不接受。去年，臺南有一位大學學生×××，於下課後獨自騎機車返家，不料在路途中，竟被迎面疾駛而來的大卡車撞倒，當場昏迷，不省人事，其後雖被救護車急送至醫院急救，但已回天乏術，其母親悲痛之餘，乃向醫師表示願將其子死體內器官，無條件捐贈給醫院供移植器官之用。

（二）活體捐贈

　　活體捐贈，是指移植器官所需的器官，來自活體的捐贈；即從尚有生命活力的活體內摘取所需的器官，而被摘取器官的活體並不因此死亡。活體捐贈與死（屍）體捐贈不同的地方，乃是捐贈器官的主體，一是有生命的活體，一是無生命的死體。有生命的活體，被摘取器官後，仍然有生命跡象；無生命的死體，被摘取器官後，其屍體即須入殮火化或埋葬。有關活體器官的捐贈，依「人體器官移植條例」第八條規定，活體捐贈器官的條件，必須：

1. 捐贈者應為二十歲以上，且有意思能力。

2. 經捐贈者於自由意志下出具書面同意，及其最近親屬之書面證明。

3. 捐贈者經專業之心理、社會、醫學評估，確認其條件適合，並提經醫院醫學倫理委員會審查通過。

4. 受移植者為捐贈者五親等以內之血親或配偶。

　　活體器官的捐贈，不像死體器官的捐贈那樣，不分親疏，無遠弗屆的捐贈給需要移植器官的人；它是有限制的捐贈給特定的親屬，是親屬之間的捐贈與受惠；在過去，「人體器官移植條例」第八條的條文，曾規定：「五親等以內之血親或配偶」之間，得相互捐贈與移植器官，惟論者咸認為限制太嚴，不足以因應器官移植之迫切需要，故修正後之「人體器官移植條例」第八條的條文，已規定：「……以移植於其五親等以內之血親或配偶為限」。顯見親屬之間的相互捐贈與移植器官的限制，已較前放寬。

　　其次，親屬之間的相互捐贈與移植器官，尚有下列的折衷性放寬規定：

1. 成年人得捐贈部分肝臟，移植於其五親等以內之姻親，不受「以移植於其五親等以內之血親」的限制。

2. 滿十八歲之未成年人，得經法定代理人之出具書面同意，捐贈部分肝臟移植於其五親等以內之親屬。不受「須為成年人」之限制。

　　活體器官之捐贈與移植，雖已有上述如此之放寬，但受惠者僅限於特定之親屬間，仍不足以因應眾多急需移植器官者的需要，故現今移植器官的器官來源，仍大致仰賴死體的捐贈。

四、器官移植的原則

　　器官的捐贈與移植，其目的無非在挽救瀕臨死亡的病人的生命，使其在痛苦、絕望中，能獲得器官的捐贈，進而汰除敗壞的器官，移植入重燃生命熱火的正常器官，起死回生、重回社會的懷抱。

　　器官的移植，向來是由學有專長的醫院醫師，負責臨床上的移植手術，醫師的職責是以救人生命為優先，因此，實施器官移植手術時，不但要膽大心細，力求成功，還應該信守下面的原則：

（一）尊重捐贈意願

　　人體器官的移植，仰賴器官的捐贈；假若器官的捐贈，風氣未開，勇於捐贈的人不多，那麼，許多等待移植器官的病患，便只好眼巴巴的等待死亡；現在，外國雖然已有人工心臟的發明與製造，而且移植人工心臟於病患者體內，也有獲得成功的先例，但是價錢昂貴，卻又不易購得，因此，在其他人工器官，例如人工腎臟、人工肝臟、人工肺臟、人工眼角膜……等等，尚未一一發明、製造並移植成功之前，人體器官的移植，急需來源不匱乏的優質器官，才能挽救許多因器官敗壞而瀕臨死亡絕路者的生命。是故，不論男女，只要是法定的成年人，身體健康、心理正常，有意願於死後捐贈體內器官，給急需移植器官的人；或有意願於在生時捐贈體內某一器官，給急需移植器官的親屬，醫院醫師或有關的最近親屬，均應予以尊重、支持，並依法指導其書寫捐贈器官同意書。

（二）建立網路資訊

　　人體器官的捐贈，受惠者應不侷限於某一醫院某一急待移植器官的病患，而應擴及國內所有醫院有急待移植器官的病患，甚至還可以擴大範圍，包含鄰近國家有關醫院某一病患的器官移植，例如醫院醫師從器官捐贈者的死體內，摘取了肺臟、心臟、腎臟、肝臟、眼角膜……等器官，心臟立即移植給所屬醫院的住院病患；肺臟暫時放置「人體器官保

存庫」予以保存；腎臟可以運載至另一醫院；肝臟更可以由專人攜帶至鄰近國家。人體器官的捐贈與移植，現在已成了國際間的醫學合作，可以相互贈送移植器官所需的器官，挽救病患者的生命，所以建立網際網路資訊，相當的重要，原則上各家醫院（包括鄰近國家）應隨時將器官捐贈的訊息、移植器官所需的器官名稱及數量、庫存的器官名稱及數量輸入電腦，建立網際網路資訊，俾供各級醫院尋找器官來源之參考，並加強醫院間之聯繫與合作。

（三）嚴禁器官買賣

器官移植的器官來源，完全出自捐贈者的無償捐贈，而且又是捐贈器官者在生時的意願，自不能談及報酬問題，否則將形成市場上的買賣風氣。近來，有些異想天開的年輕小伙子，竟然大膽的在電腦的網路上出售自己的器官，令人十分驚訝，例如某大學學生陸××，為了償還債務，竟然在電腦的網路上，刊載一則出售器官的資訊，內容是這樣的：

各位網友：

在坎坷的人生道路上，每一個人都有可能會遭遇苦難，我因為離鄉背井單身負笈臺北，借貸求學因而積欠債務，為了早日償清債務，願以廉價（新臺幣一百萬元），出售體內部分肝臟，若有仁人君子，急需移植肝臟，請在網路上與我聯絡。

陸××　敬啟　×××年　×月×日」

這一則出售器官的網路資訊，雖然看了令人同情，但違背了「人體器官是無償捐贈，不得出售」的原則，而且，以電腦網路刊登促使人為器官買賣之訊息，因此依「人體器官移植條例」第十八條的規定，應處新臺幣九萬元以上四十五萬元以下之罰鍰。

　　為了防範人體器官之提供，由捐贈演變成出售，由無償演變成有償，必須嚴禁人體器官之買賣。

（四）把握移植時效

　　人體器官之移植，全賴器官之捐贈，因此假若有住院病患，急須移植體內某一部分器官，而其五親等以內之血親，又有人願意活體捐贈其所需之器官，經醫院為詳細完整之心理、社會、醫學評估，認為適合捐贈者，醫院醫師應即把握移植器官之時效，擇期實施活體摘取器官之臨床手術，並迅速將其病患者敗壞之某一部分器官摘除，移植入活體摘取之健康器官，促其恢復正常之功能，挽救其瀕臨死亡的生命。醫院的器官移植手術，無非在挽救病患者的生命，故應分秒必爭、把握時效，以免病患者的病情惡化、繼而生命轉危……。即使死體器官之移植，無論敗壞器官之摘除，或者是植入死體之器官，亦當分秒必爭，把握時效。

（五）打破區域界限

　　人體器官之捐贈、摘取、運送與移植，是救人救世，不分區域、不分國界的慈善工作，各醫院（指國內醫院）平日除了應將願意捐贈器官及等待器官移植者之資料，通報中央衛生主管機關之外，更應加強醫院間之聯繫，建立電腦網路資訊，隨時將器官捐贈或急待援助之移植器官類目等資訊，告知外界、以利人體器官之摘取、運送與移植，挽救更多病患者的垂死生命。人體器官的捐贈、提供與運送、移植，是挽救病患者生命的偉大任務，故應打破區域的界限，無遠弗屆的雪中送炭。

第三節 ☾ 安樂死

　　「死」是那麼樣的冷酷，當一個活生生的人突然「死」了後，身體冰冷了，眼睛睜不開了，呼吸停了，心跳停了，脈搏也不跳動了，連說話的嘴巴也緊閉著，再也不出聲了，整個人變得好陌生，靈魂也不知飄到何處去了，叫也叫不醒，哭也哭不活，永遠的與世長辭了⋯⋯。

　　「死」，雖然是每一個人最不希望碰見的事，但是卻也不能不面對它、重視它；何況，我們這一生再怎麼樣的飛黃騰達、再怎麼樣的富貴榮華，總有一天，當年老體衰或病魔纏身時，總不免一「死」⋯⋯。問題是現在人體的「死」，可以藉高科技的醫術，延後幾天、幾月、甚至幾年。但是，能否提前讓人「死」？譬如當一個人罹患了絕症、久治不癒，面臨死不死、活不活的困窘境地，醫院醫師是否可以扮演上帝的角色，剝奪其生存權利，讓其提前「死」去？這是本節所要探討的問題。

135

一、安樂死的意義

　　成大附設醫院觀察病房內，正躺著一名全靠人工呼吸器維持生命的所謂「植物人」的病患。這名病患是因為車禍（駕駛機車與貨車相撞）昏倒，而被救護車送至醫院急救的，已經躺在醫院六個多月，昏迷不醒，不但手腳不能自發運動，連眼皮都甚少睜開，嘴角也不掀動一下、說說自己的感受，只是腦幹未死，依賴人工呼吸器尚能維持正常的呼吸。不過，六個月來的照顧，家人已經憔悴不堪，精神幾乎快崩潰，雖然對她仍存有一線復活、甦醒的希望，但自信奇蹟不可能發生，於是，開始考慮是否給予「安樂死」，以免拖累家人，徒增家人經濟上、精神上的負擔？

　　什麼是安樂死呢？安樂死(Euthanasia)一詞，是醫學臨床上的專用名詞，意指醫院以藥物或其他方法促使病人安詳、舒適、無痛苦的死亡的

臨床技術，又稱為「安死術」。一般人常將「安樂死」視為「快樂的死亡」，那是望文生義的錯誤解釋，試想「死」一事，如何能叫人快樂？而醫院醫師又如何能使病人快樂的面對自己的死亡？也許，有些病人私下想通了，能快樂的面對自己的死亡，幽默、快活、了無遺恨的閉目而死，可是，這種甘死如飴的人，又能有幾許？

　　本來，醫院醫師為病患者施行「安樂死」的目的有二，一是應病患者或其親屬的要求，二是減少醫院人力、物力的浪費。醫院醫師之所以應病患者或其親屬之要求，施行病患者的「安樂死」，乃是因為病患者罹患嚴重傷病（例如末期癌症、漸凍人、植物人……），不能治癒，其病情之發展，進行至死亡已不可避免；既然如此，何必再控制病情，拖延生命，浪費醫藥資源？話雖如此，「安樂死」畢竟仍不為法律所允許，故國內醫院迄今尚無施行「安樂死」的先例。

二、安樂死的類型

　　「安樂死」，其實是一種提前結束生命的方法。在醫院的臨床醫護實務上，因為「安樂死」尚未被法律所允許，而且倫理道德及宗教方面，均持反對的意見，所以迄今各醫院仍未普遍採用「安樂死」一術，以提早結束病人的生命。

　　「安樂死」的理論基礎，是建立在「治療無實益」的觀點上，一般認為：假若病人病況嚴重，卻又久治不癒，與其苟延殘喘、拖延生命，倒不如提早結束其生命，以免徒增家屬在經濟上、精神上的壓力負擔，況且，病人的病況進行至死亡，已不可避免。

　　從臨床醫護實務工作上來說，「安樂死」就是「安樂死」，並沒有什麼類別，但是，從執行的主體、執行的方法、死亡者的意願……等角度來區分，「安樂死」勉強可以分為以下類型：

（一）從執行的主體來區分安樂死

安樂死，就像「死刑」的行刑人一樣，也有特定的執行人；其執行人或許是病人自己，或許是醫院的醫師、護理人員，因此，安樂死的類型，依執行主體的不同，可區分下列兩種：

1. 類似自殺的安樂死：

類似自殺的安樂死，是指病人自己以藥物或其他方法，提前結束生命的方法，由於類似自殺，故稱為類似自殺的安樂死。例如吞服安眠藥致死；吸入一氧化碳致死；吸入瓦斯致死；注射氯化鉀致死……等，若是未曾假手醫護人員的執行與協助，而完全由自己操縱，便是屬於類似自殺的安樂死。

此種類似自殺的安樂死，目前大多在居所裡面發生，而且自殺的人，類多因厭世、絕望，並非全是罹患絕症、久病難癒，萬念俱灰的病患。而在醫院的臨床醫護工作上，由於醫護人員的嚴密看護，此項類似自殺的安樂死案件，較少發生。

不過，在醫院住院療護的病人，有些症狀較嚴重，例如罹患癌症末期、久治難癒、心裡十分沮喪的患者，難免有尋求「安樂死」，以了卻「塵緣」的心向，遇此情況，醫護人員最好能多方安慰、不斷給予關懷、援助，切勿從旁協助或指導其「安樂死」的方法，以免誤觸法網。像西元一九九○年代，美國的傑克‧凱佛基恩(Jack Kevorkian)醫師，便是因協助病人以自殺的方法，達到「安樂死」的目的，因而被法院以謀殺罪判處極刑。凱佛基恩醫師，曾自創多種協助病人以自殺的手段，尋求「安樂死」的方法，其一是注射氯化鉀方法，即將三個瓶子，分別裝上食鹽水、安眠藥水與氯化鉀，而置放於金屬架上，每一個瓶子並有一條點滴管注入病人的手臂上。病人自殺時，應遵照醫師指示，先讓第一個瓶子的食鹽水往下滴，而注入體內；接著，扭開第二個瓶子的開關，讓安眠藥水往下滴，並注入體內；最後，扭開第三個瓶子的開關，讓致命的氯化鉀藥劑往下滴，並注入體內；於是，

137

病人便慢慢的沉睡，沒有痛苦的安眠而死。其二是注入一氧化碳方法，即將置有一氧化碳之瓶管，與病人鼻罩相連接，自殺時遵照醫師指示，扭開瓶子的開關，讓一氧化碳經由鼻管吸入體內，直至昏迷而死。【註6】

2. 類似殺人的安樂死：

　　類似殺人的安樂死，是指醫院的醫師、護理人員，受病患或其親屬的囑託，或得其承諾，以藥物或其他方法，將傷病嚴重難以治癒的病患，提前結束其生命的方法；由於其致命的安樂死方法，類似殺人，故稱為類似殺人的安樂死。例如有一醫院醫師卜×誠，受婦女林×明之囑託，將大腦受傷、住院多年、一直昏迷不醒的植物人（即林婦之次子），注射致命的藥劑，並卸除維生系統，使其無痛苦的結束其生命。又例如某醫院醫師謝×生，得其病患親屬的承諾，將意識清醒，但四肢、軀體逐漸萎縮的所謂「漸凍人」病患，注射致命的藥劑，使其無痛苦的結束其生命。再例如某醫院醫師洪××，授權護理師康××，將急救病患的氣管插管拔除，任其窒息而死。以上所舉三例，皆屬於類似殺人的安樂死。

　　類似殺人的安樂死，無論其安樂死的處置，是受病患或其親屬的囑託，或得其病患或其親屬的承諾，均觸犯刑法的加工殺人罪，故國內各醫院醫護人員皆慎重其事，不願貿然為病患施行安樂死。況且，施行安樂死，不但違背自然死亡原則，倫理道德亦不贊同，認為此舉無異扮演上帝的角色，任意剝奪一個人的寶貴生命；而法律更認為人皆有生命權及生存權，不應任意剝奪、侵犯，促其快速的死亡。

（二）從執行的方法來區分安樂死

　　安樂死，從其執行的方法與手段來說，有的是採用積極的、直接作為的方式；有的是採用消極的、間接不作為的方式，茲列舉其類型如下：

1. 積極的直接作為的安樂死：

　　　　積極而直接作為的安樂死，是指以藥物或其他方法，積極的、直接的加諸生命體本身，使尚有生命跡象的生命體，快速的提前死亡的過程，例如使一位罹患絕症而厭世的婦女，吞服安眠藥而死；使一位因酒精中毒而落魄的男子，吸瓦斯而死……等等，固然也類似積極的直接作為的安樂死；即使醫院醫師受病患或其家屬的囑託，以致命的藥劑注入病患的體內，使其快速的提前死亡，亦屬於積極的直接作為的安樂死類型。

　　　　積極的直接作為的安樂死，倘若其促成安樂死的原因，係死者生前自己的積極作為，則任何人皆無刑事責任；唯住院病患的安樂死，倘若醫院醫師係受病患或其親屬所託，則仍應擔負刑事責任，即使得病患或其親屬之承諾，以積極的直接作為的方式，使其安樂死，亦應擔負刑事責任，故不得不慎重。

2. 消極的間接不作為的安樂死：

　　　　消極的或間接不作為的安樂死，是指醫院醫護人員，以消極的，或間接不作為的方法，使尚有生命跡象的病患，快速的死亡的過程；例如對於傷病嚴重的病患不施行救治，使其無助的快速死亡；對於呼吸困難的急救病患，不給予人工呼吸器，而任其窒息而死；對於住院的植物人病患，拔除鼻胃管，不給予液體食物，不注射任何維生藥物……等等，皆屬於消極的，或間接不作為的安樂死方法。

　　　　消極的間接不作為的安樂死，與積極的直接作為的安樂死，不同的地方，一是採用消極的致命方法，一是採用積極的致死方法；前者如不給予病患維生系統，是間接不作為的態樣，後者如注射致命藥劑，是直接作為的態樣。惟不論是消極不作為的安樂死抑或積極作為的安樂死，都同樣觸犯刑法的殺人罪嫌，為法律所明文禁止，因此，國內各醫院對於傷病嚴重的病患，即使是受其囑託，亦不願貿然為病患施行所謂消極不作為的或積極作為的安樂死的死亡。

139

（三）從死亡者的意願來區分安樂死

因安樂死的施行致死亡者，其生前容或有表明安樂死之意願者，亦有未表明安樂死之意願者，茲依其死亡者生前是否表明意願，分類如下：

1. 表明意願的安樂死：

表明意願的安樂死，是指因安樂死的施行致死亡者，其生前容或罹患嚴重疾病，自知其病症難以痊癒，且其病況之進行至死亡已不可避免，為了減低因疾病所帶來的痛苦，由病患自己或其最近親屬，向醫院醫師表明安樂死的意願，並提出書面同意，經醫院醫師衡量情況、慎重考慮之後，乃據以施行病患之安樂死。

表明意願的安樂死，雖然出自病患的自願，一般認為較無業務上或法律上的責任，其實，在安樂死未經法律許可之前，即使是出自病患或其最近親屬的意願，施行安樂死的醫院醫師，仍有刑法上的殺人罪嫌，應負法律上的責任。

2. 未表明意願的安樂死：

未表明意願的安樂死，是指因安樂死的施行致死亡者，其生前容或罹患嚴重傷病，自知其傷病難以痊癒，死亡已不可避免，但未表明願意安樂死，卻由醫院醫師擅自施行安樂死，提前結束其生命。

未表明意願的安樂死，倘未獲有關親屬的諒解與默認，勢必形成醫務上的糾紛，繼而發生民刑事方面的爭訟；況且，安樂死，尚未獲法律允許，不論表明意願抑或未表明意願，醫院醫師均不得扮演上帝角色，任意為不能治癒的病患施行安樂死。

總之，安樂死的類型，應可歸納為表明意願的安樂死與未表明意願的安樂死兩大類，而表明意願或未表明意願的安樂死，又包含積極的作為的安樂死與消極的不作為的安樂死等兩種致死的方法，這是一般學者所認同的。

三、安樂死的兩面意見

　　一個意識尚清醒，但四肢、軀體的肌肉卻逐漸呈現萎縮的所謂「漸凍人」，不能起身、站立、行走、運動，整天躺在固定的床上，無可奈何的等待死亡，這樣的人生有什麼意義？是不是該給他（她）「安樂死」？讓他（她）除卻精神上、肉體上的痛苦，早早離開人世？

　　一個意識不清醒、但尚有生命跡象的所謂「植物人」，靠著人工呼吸器，維持薄弱的呼吸，靠著鼻胃管輸入的液體食物，維持軀體所需的營養，但一年了，整日躺在病床上，不能甦醒、不能言語、不能翻身……，而病患的親屬，還要日以繼夜不斷的陪伴、照顧，無形中加重了精神上、時間上不少的負擔，如果病患的親屬，提出施行安樂死的要求，醫院是否可以遂其心願？

　　一個癌末病患，早知自己的來日不多，為了減免癌病加諸身上的痛苦，為了避免拖累家人，要求醫院醫護人員給予積極的安樂死，使其早早脫離苦海，在此情況下，醫院是否可以依其書面意願，施行安樂死？

　　關於安樂死是否可推行，迄今仍有不同的意見，有主張安樂死應合法化的所謂贊同派，有主張安樂死不宜合法化的所謂反對派，而且贊同派與反對派都各持己見，互有理由，茲分述如下：

（一）贊同安樂死合法化的理由

　　安樂死的施行，不論病患或其親屬是否表明意願，亦不論醫院是採行積極或消極手段的安樂死，因為其致死的方法，不是類似協助自殺，就是類似受託殺人，向為法律所禁止，亦為宗教、倫理道德所不齒，但贊成安樂死以解決病患痛苦者，則認為：

1. 病患有自由選擇安樂死的權利：

　　　　罹患嚴重傷病者，例如癌末病患、植物人、漸凍人、傷重病患……等等，既然久治不癒或根本不能治癒，其病況進展至死亡，已

141

不可避免，為了擺脫病魔的糾纏，為了消除難以忍受的病痛，病患者自有權利選擇死亡，而要求醫院早早給予安樂死，快速讓其提前死亡，以免拖累親屬，增加其精神上的無形負擔，況且，這是屬於病患者個人的自由意志選擇，並不影響社會或其他人的權利，故醫院應予以尊重，法律亦應予以默許，宗教、倫理道德，乃至社會輿論亦應予以贊同。

2. 病患的親屬有為其選擇安樂死的權利：

罹患嚴重傷病的病患，其住院治療期間，大多仰賴親屬的陪伴與照顧，唯病患倘若經長期住院、長期治療而其傷病卻未見好轉，反而有日漸惡化的症候，例如癌症末期、植物人……等等，在此情況下，病患的親屬難免心急如焚，總希望能有奇蹟出現，於是，終日為病患祈禱，日夜陪伴與照顧病患，從不抱怨、從不間斷，其精神、體力的付出，非筆墨所能形容。不過，倘若病患忍受不了傷病的痛苦，或者病患即將面臨死亡，此時此刻，病患之親屬自得以選擇安樂死，要求醫院醫師以速死術提早結束病患的生命，此項安樂死意願之表示，醫院應予以尊重，法律亦應予以默許，宗教、倫理道德、乃至社會輿論亦應予以贊同。

3. 安樂死是解脫病患痛苦的良方：

安樂死不是仁慈殺害病患的利器，而是解脫病患身心靈痛苦的良方，病患既然罹患了嚴重傷病，而在醫院長期或短期住院治療，無不希望藥到病除，提早痊癒，好出院回家過正常生活；惟倘若病患之傷病久治不癒，又獲悉病情之進展不樂觀，死亡之日期即將面臨，其身、心、靈之痛苦，必定逐日倍增，在此情況下，著實生不如死，如果病患提出安樂死的書面意願，要求醫院迅速施行「速死術」，讓其無痛苦的結束生命，醫院醫護人員若是不理不睬，未免過於嚴格、不近人情，況且，病患早晚都難逃死亡的命運，與其躺臥病床痛苦的等待

死亡，倒不如提早讓其安樂死，故法律應默許醫院在適當的情況下，得扮演上帝的角色，對病入膏肓、無法治癒、死亡即將面臨的病患，提早仁慈的以安樂死結束其生命。

4. 安樂死可以省卻病患親屬照顧上的勞苦：

　　罹患嚴重傷病的病患，既然無法治癒，無法復健，而其病況之發展，又面臨死亡的威脅，為了省卻或消除照顧上的勞累，減低用費上、精神上的壓力與負擔，有些病患親屬在絕望的情況下，總希望醫院能協助病患安樂死，以提早結束其生命，避免拖累家人，況且，病患之死亡，乃遲早必然發生的事。

5. 安樂死不是殺人的工具：

　　安樂死，雖然可以採用積極的手段，以藥物直接使病患死亡，例如注射可致命的氯化鉀；但是也可以採用消極的手段，以其他方法間接的使病患死亡，例如不安置人工呼吸器，使病患缺氧而死。不論採用積極的手段使病患死亡，抑或採用消極的手段使病患死亡，安樂死是一種消除病患身心靈痛苦的仁慈方法，不是殺人的工具，不是所有病患一經住院均必須面對死亡，毫不留情、毫無選擇，而是當一個病患，在毫無存活希望的前提下，為了消除病患的憂傷、痛苦、孤寂、無助，不得已所採取的仁慈手段，故應予以默許、贊同。

（二）反對安樂死合法化的理由

　　跟生命權、生存權的法律保障一樣，人雖然也可以為自己選擇死亡或不生存。但是，嚴格的說，真正想死、不想生存的人，究竟不多，像自殺死亡之類的人，大多迫於情勢的無奈，例如為了逃避罪責、為了逃避債務，並非自己喜歡自殺死亡；因此，死亡不是每一個人所熱愛、所嚮往，生命才是。生命既然如此珍貴，自不容許他人任意侵犯，即使一個病入膏肓、奄奄一息的病患，也有爭取生存的權利，絕不容許醫院任何人剝奪其生命，是故反對安樂死合法化的人，也有如下的意見：

143

1. 安樂死輕視人命：

　　人的生命，來自父母的結合與創造，由小孩成長到大人，一生只有一條命，死了便不能復活，成了僵硬的屍體。人死了有沒有靈魂？有沒有如佛教所說的「中陰身」？會不會再生再世？我們毫無所知，也難以驗證！生命是無價之寶，當一個病患，罹患了嚴重傷病，住進了醫院病房，總希望醫師能治癒其傷病，起死回生，即使其病患是罹患難治的絕症，或其病體已奄奄一息，也不會輕易放棄一線生存的希望，而安樂死輕視人命，即將病患最後的一線希望，予以毀滅，殘忍至極。

2. 安樂死類似殺人的罪行：

　　安樂死，無論採積極的手段，如注射藥物，或採消極的手段，如不安置人工呼吸器，使特定的病患快速的死亡，從現行刑法的規定來看，頗類似加工殺人的罪行，例如刑法第二百七十五條「教唆或幫助他人使之自殺，或受其囑託或得其承諾而殺之者，處一年以上七年以下有期徒刑」，安樂死的施行，倘若是由醫院醫護人員協助病患以自殺的方式，自己了斷生命；或者醫師受病患的親屬不斷的囑託，並得其病患的承諾，以積極的注入藥物手段，或消極的不安置維生系統方式，使病患昏迷中死亡，即構成刑法的協助自殺罪或加工殺人罪，均為法所不容。安樂死合法化後，醫院對於無生存希望的絕症病患，雖可以斟酌情況，施以安樂死，但仍有違人道精神。

3. 安樂死違背自然死亡定律：

　　人的生命，有一定的生理期限。當一個身體健康的人，成長到最高的生理期限，縱然不想死亡，死亡也將自然面臨，任誰也難逃脫，這是自然死亡的定律。罹患嚴重傷病的病患，雖然整日整夜躺臥病床，痛苦難以忍受；但是，或許仍有求生的堅忍勇氣，醫院醫護人員

及其病患親屬，理應加倍照顧、療護，給予身心靈方面的支持，使其安然度過難關，怎可狠心施以安樂死，使其提前結束生命？安樂死雖可去除病患的痛苦，省卻病患親屬在照顧上的精神負擔，但是違背自然死亡定律，不宜合法化。

4. 安樂死易促成權利的濫用：

安樂死的施行，如果得由病患親屬表明意願，並提出書面申請；或經由醫院醫師斟酌病患病情之發展，為安樂死與否之決定，從表面上來看，似乎是合法的程式，但易造成權利的濫用，任意置病患於死地。譬如罹患嚴重傷病的病患，如其親屬不願負擔病患之醫藥費用，或不願繼續陪伴、照顧病患，則可提出安樂死之書面意願，造成權利的濫用。

5. 安樂死是殺人的工具：

安樂死，草菅人命、輕視人命，擅自將尚有生命跡象的病患，以人為的方式，使之昏迷或斷氣死亡，毫無人道精神，為宗教、倫理道德、乃至社會輿論所反對，它是殺人的工具，不宜合法化。

四、安樂死的現在趨向

安樂死，如上所述，向有贊同派與反對派之歧見。但因反對派之聲浪高漲，且有法律、宗教、政治、倫理道德、社會輿論……等之反對意見為後盾，迄今歐美國家尚未將安樂死合法化，僅荷蘭(Netherlands)一國開先例，於二十一世紀初，經參、眾兩議院之表決，通過安樂死合法化一案，成為世界上第一個允許安樂死的國家。

荷蘭於西元二〇〇二年四月一日開始生效的安樂死法案，雖然允許醫師在某些特殊的情況下可以執行安樂死，但是必須有下列條件：一、病患罹有不治之症，確實無法治癒。二、病患確有難以忍受的痛苦。三、病患心智健全，且已經同意施行安樂死之程序。四、病患之年齡，

145

如在十二歲以上十六歲以下，其施行安樂死之選擇，須經法定代理人（即家屬之代表）之同意。十六歲以上之病患，得自己決定是否施行安樂死。惟醫院醫師在施行病患之安樂死之前，必須與其他相關之人員磋商，並確認病患是否符合所有施行安樂死必具備的「警告」標準。

在荷蘭國境內，各醫院所施行的安樂死案例，皆必須向各該區域特別委員會報告，此一委員會，通常由一名法學專家、一名醫師、一名倫理學者所組成，其任務是審核有關醫院報告之安樂死施行案例，以確定是否符合安樂死法案提示之「警告標準」。倘經過區域委員會之審核，認定某醫院所施行之安樂死案例，並不符合標準規定，則將此案移送區域檢察官辦公室，由該處檢察官偵查，並裁定是否對施行安樂死的醫師提出控訴。凡未遵守安樂死法案之嚴格標準者，其施行安樂死之醫院醫師，將被判處十二年以下之有期徒刑（最高十二年有期徒刑）。

雖然，荷蘭的安樂死法案，飽受國際間的批評，包括美國在內，均認為荷蘭的這項法案與人權背道而馳。人權的主張，除了強調不能蓄意使任何人死亡外，還強調應保障人的生命，尤其是重病瀕死的人，而荷蘭立法的安樂死法案，似乎漠視人的生命，與人道精神背馳。儘管遭此批評，荷蘭的安樂死法案，仍然廣獲荷蘭人民以及醫學界的支持。【註7】

安樂死，目前在國內仍不為法律所允許，而宗教、倫理道德、社會輿論……等各方面亦不贊同安樂死，因此，立法院迄今仍未制定有關安樂死的法案。不過，為因應醫院臨床上的需要，中華民國八十九年六月七日公布施行的「安寧緩和醫療條例」，得以自然死亡的方式，代替未被法律許可的安樂死，例如罹患嚴重傷病的病患，經醫師診斷認為不可治癒，而其病程進展至死亡已屬不可避免，得依安寧緩和醫療條例第四條、第五條及第七條第一項第二款之規定，選擇在臨終或無生命徵象時，不施行心肺復甦術（即不施行氣管內插管、體外心臟按壓、急救藥物注射、心臟電擊、心臟人工調頻、人工呼吸或其他救治行為），而任其

自然的死亡。由於死者在生前有依規定，預立不施行心肺復甦術的意願，故醫院得阻卻違法，不必負刑事、民事及行政責任。

　　環觀中外，安樂死的臨床醫事，雖然尚未被廣泛採納，制成法案，成為合法化的「速死術」，但深信在荷蘭揭開先例的激盪、衝擊之下，未來將有若干國家會追隨其後，制定法案，完成立法程序，將安樂死予以合法化。

全球安樂死合法化現況

　　一般而言，針對安樂死合法化的討論以「主動安樂死」和「協助自殺」為主。

1. 主動安樂死：比利時、盧森堡、荷蘭、哥倫比亞以及加拿大。

2. 協助自殺：瑞士、荷比盧、加拿大，美國奧勒岡州、華盛頓州、蒙大拿州、佛蒙特州、加州、科羅拉多州、夏威夷州 7 個州和華盛頓特區，澳洲的維多利亞州。

資料來源：綜合外電、維基百科

第四節　安寧療護

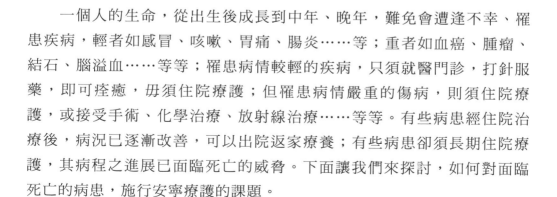

　　一個人的生命，從出生後成長到中年、晚年，難免會遭逢不幸、罹患疾病，輕者如感冒、咳嗽、胃痛、腸炎……等；重者如血癌、腫瘤、結石、腦溢血……等等；罹患病情較輕的疾病，只須就醫門診，打針服藥，即可痊癒，毋須住院療護；但罹患病情嚴重的傷病，則須住院療護，或接受手術、化學治療、放射線治療……等等。有些病患經住院治療後，病況已逐漸改善，可以出院返家療養；有些病患卻須長期住院療護，其病程之進展已面臨死亡的威脅。下面讓我們來探討，如何對面臨死亡的病患，施行安寧療護的課題。

一、安寧療護的濫觴

　　罹患嚴重傷病的病患，在醫院病房治療期間，如果經醫師診斷已不能治癒，且近期內將面臨死亡的威脅，這時病患可能會震驚、失落，頓失生存的活力，如被判死刑一樣，其心裡的痛苦，恐怕遠比肉體的痛苦來得更甚、更猛、更難受。此刻，病患最感需要的，莫過於醫護人員的慰藉與療護，親屬的陪伴與照顧，同時，病患更希望能與同病房的其他病患隔離，單獨住宿一室，安寧療養，不受其他病患的干擾；最後，並能在親友的陪伴、關懷，牧師、神父的禱告或法師的助念之下，安詳、微笑、無怨、無悔的走完人生最後的路程。不幸，過去的醫院，皆無所謂「安寧病房」的設置，以致臨終病患未能在「安寧療護」的照顧中，感受親情的溫暖，莊嚴的、毫無遺憾的閉目安息、與世長辭。

　　安寧療護的機構，英文稱之為 Hospice，而不稱為 Hospital（醫院）；Hospice 原是旅客招待所，或供朝聖者留宿的寺院，或收容病人、貧困者的處所，其後竟然發展成為修道院收容癌末病人的處所；而現在則演變成為醫院對於不能治癒的傷病病患，於臨終前所施行的安寧療護照顧措施。於是安寧療護 Hospice，乃被稱之為「人生旅程的休息站」。

　　安寧療護的關懷照顧，萌芽於西元一八七九年德國(Germany)的柏林(Berlin)，由一位名叫瑪莉・艾肯亥(Mary Aitkenhead)的修女所主持的修道院，她將院內的 Hospice 用來收容癌末病人，並用愛心照顧病患，這是最早具有關懷照顧精神的機構。西元一九○五年英國(U.K.)的倫敦(London)也有一家由修女辦的聖・約瑟安寧療護關懷照顧機構(St. Joseph's Hospice)，專門收容癌末病人，給予病人人道上的照顧，唯尚缺乏現代化的安寧療護作法。真正具有現代化安寧療護與臨終關懷精神的 Hospice，於西元一九六七年由英國的桑德絲女士(Cicely Saunders)所創，她在倫敦郊區所創立的安寧療護機構名為聖・克里斯多夫安寧療護機構(Hospice St. Christopher)，是世界第一個安寧療護與臨終照顧並重的慈善性機構。

桑德絲女士早年在聖‧約瑟安寧療護關懷照顧機構充當護士，從臨床照顧的經驗中，她瞭解癌末病患雖然在生活上能獲得充分的照顧，但在身體上卻無法紓解其痛苦，一直盼望能有妥適的療護政策能免除或減輕其痛苦，並滿足癌末病患身、心、靈方面的需要。後來，她在一名病患的遺產資助下，再赴醫學院深造，畢業後乃將其畢生的抱負與理想付諸實現，而創立了聖‧克里斯多夫安寧療護機構，從此展開了安寧療護與臨終照顧並重的醫療政策，該院除了開闢安寧病房，營造家庭氣氛的環境之外，並由醫師、護理人員、神職人員、營養師、藥劑師……等一組人員所組成的療護團隊，隨時赴安寧病房照顧病患、紓解病患的身心痛苦，提升病患的靈性，改善病患的生活品質與生命尊嚴，由於其措施特別、成效卓著，於是桑德絲女士及其創辦之聖‧克里斯多夫安寧療護機構乃聲名遠播。影響所及，全球各國、各地區醫療機構，均陸續仿照其安寧療護之精神，增闢安寧療護特別病房，並組成安寧療護照顧小組，不斷的給予臨終病患最迫切需要的身、心、靈各方面的安慰、關懷與治療，使其能免除或減輕疾病所加諸身上的痛苦，安詳的、毫無怨恨的走完人生最後的旅程，而含笑閉目的安息。【註 8】

二、安寧療護的意義

　　一個人的一生，縱然是如何的叱咤風雲，如何的飛黃騰達，如何的榮華富貴，如何的名震天下，總有一天，或許會遭受病魔的糾纏與折磨，或許會面臨死亡的威脅。雖然醫學科技在現時代的社會，是多麼的日新月異，多麼的突飛猛進，多麼的神妙萬能，但是，迄今有些疾病，仍無法有效的預防、有效的治癒，例如一般人聞之震驚的 SARS 或新冠肺炎病症，便是一個活生生的例子。【註 9、註 10】

　　當一個人罹患了疾病，身體有不適症狀，很自然的病患會有赴醫院掛號門診的舉動，假若病患經醫師診斷結果，認定症狀輕微，只需在家

療護、安養即可，那是病患最感快活的一件事。但如果病情嚴重，或者病患罹患的疾病是癌症，則須住院療治，或長期居家療養。一旦病情惡化，面臨死亡的威脅，最好能住宿安寧病房，由專業人員組成的醫療團隊，施以安寧療護的關懷照顧，使病患在臨終階段，能獲得妥善的照顧，減低生理上的痛苦、心靈上的空虛，提升生活品質與生命尊嚴，毫無遺憾的走完人生最後一站。

什麼是安寧療護呢？依據「財團法人中華民國安寧照顧基金會」所出刊的「安寧照顧會訊」明白的記載著：「安寧療護不同於一般傳統醫療，它是針對癌症末期臨終病人及其家屬的特別照顧。整個照顧過程中，病人有最大的自主權，家屬亦全程參與，滿足病人肉體的、情緒的、社會的、精神的、以及病人家屬的需要，是一種提升癌症末期病人與家屬生活品質的（全人照顧）」。

上述安寧療護的意義，雖然詮釋得很簡要、很容易瞭解，但是它是針對癌末病人臨終前的安寧療護，所下的定義，範圍仍嫌太狹隘；依據中華民國一〇二年一月九日總統令修正公布之「安寧緩和醫療條例」第三條第一款的解釋，所謂安寧緩和醫療，是指為減輕或免除末期病人之生理、心理及靈性之痛苦，施予緩解性、支持性之醫療照護，以增進其生活品質。什麼是末期病人呢？依據「安寧緩和醫療條例」第三條第二款的解釋，「末期病人是指罹患嚴重傷病，經醫師診斷認為不可治癒，且有醫學上之證據，近期內病程進行至死亡已不可避免」者而言。

安寧緩和醫療，即安寧療護，其施行安寧療護的對象，包含即將面臨死亡的嚴重傷病病患，不限於癌症末期臨終病人，因此，安寧療護的意義，可以詮釋為：

安寧療護，是指對於臨終階段的嚴重傷病病患，為減輕或免除其身心痛苦，提升其生活品質及生命尊嚴，於特別設置之安寧照護病房，由

一組醫療團隊施予緩解性、支持性的醫療服務，並配合家屬的關懷照顧，使病人在臨終前能滿足身、心、靈方面的需要，進而達成自然死亡的安息境界。

　　可知安寧療護，是主張對於即將面臨死亡的重傷或罹病病患，施予緩解性、支持性的醫療照護；或當病患症狀危急、面臨死亡關頭時，不施予心肺復甦術——即不施予氣管內插管、體外心臟按壓、急救藥物注射、心臟電擊、心臟人工調頻、人工呼吸及其他救治行為，而任其病患自然死亡，以代替眾所反對的安樂死。

三、安寧療護的類型

　　住院臨終病人的安寧療護措施，由歐美國家傳進亞洲後，臺灣亦深受影響。首先，由馬偕紀念醫院，於淡水院區設立了安寧病房，為癌症末期的病人提供全人、全家、全程、全隊的醫療照護，以提高其生活品質及生命尊嚴，使癌末病人能獲得身、心、靈方面的妥善照顧，毫無遺憾、怨恨、悲戚的度完人生最後的旅程。接著，耕莘醫院、臺灣大學附設醫院……等數十家醫院，亦陸續響應桑德絲女士所倡導的安寧療護照顧模式，先後闢設了安寧病房，給予罹患嚴重傷病的臨終病人，有家庭式的溫暖病房，有滿足身、心、靈所需要的醫療照護，有祈禱、靜坐、靈修的空間。總而言之，目前各醫院的安寧療護措施，有以下幾種類型：

（一）住院療護與居家療護

　　從病患療護的處所來分類，有住院療護及居家療護等兩種。住院療護是指罹患疾病的病患，長期或短期寄住在醫院內病房，而由醫院內組成之醫療團隊，按日或隨時實施療護照顧的臨床措施。至於居家療護是指罹患疾病的病患，經長期或短期住院療護，病情已好轉，或病情已能控制，自願出院在家療養，而由醫院指定專責之護理人員，隨時或定期

親赴病患居所，施以療護照顧之臨床工作。目前規模較大之綜合醫院，大致設有住院病房，設備完善，醫療設施齊全，有高科技之醫療儀器，有受過專業訓練之醫護人員及臨床治療師，病人住院療病較有安全感；惟住院病患一旦劇增，易形成爆滿現象，促使罹病嚴重而須住院治療的後來病患，無病房可容納，於是乃有居家療護之發展，使症狀較輕，或病情已能控制，或治療已無實益之病患，能出院返家療養。

（二）長期療護與短期療護

從病患住院療護期間的長短來分類，安寧療護的照顧，有長期療護與短期療護之分，前者照護的期間，由幾個月至幾年，不確定；後者的照護期間，由幾天至幾星期，沒有一定的期限。病人住院療護期間，常由醫師、護理人員、神職人員、志工人員……等所組成的醫療團隊，為病患解決身、心、靈方面的痛苦、空虛、寂寞與死亡的恐懼與迷惘……；除了慰藉病患及其家屬外，並依病患之信仰，詠誦聖詩、梵音，或祈禱、祈福與助念，以提升病患之心靈層次，鼓舞其與病魔搏鬥的勇氣；惟倘若病患經醫師診斷認為不能治癒，且其病況之發展已逐漸惡化，近期內恐將面臨死亡的威脅，則病患或其家屬，自有權利選擇「安寧緩和醫療」之措施，當病患的生命危急，即將面臨死亡之一瞬間，可以不施行人工復甦術，而任其自然的死亡；不過，此種臨終時的「安寧緩和醫療」，或「不施行心肺復甦術」的選擇，必須病患生前與其家屬，共同以書面意願表示之。

（三）全日照護與日間照護

從病患日夜間照護之不同來分類，安寧照護有全日照護與日間照護等二種。全日照護是指住院的病患，由早晨到夜晚，由上午、中午、下午到晚上，整日躺在病床上療養，並接受醫護人員的醫療與照護。目前醫院內住院的病患，大多屬於長期或短期的全日照護。至於日間照護是

指病患僅在日間住院，接受醫護人員的醫療與照護，夜間即出院返家療養，與家人共同生活。醫院推廣日間照護的目的，一在解決病患在家乏人照護的困境，一在解決病患的孤獨與醫療問題，使家屬日間能安心上班工作，夜晚並能照護病患，與病患生活在一室，共享天倫之樂，不致導致病患心靈空虛、孤獨、落寞，確實是一種良好的照護制度。

以上，雖然將安寧療護如此的分類，但真正符合「安寧療護」理念與精神的，只有長期或短期住院接受醫療團隊療護、照顧與關懷的臨終病患，居家療護與日間照護只是因應病患或其家屬的需求，由安寧療護延伸發展而成的新模式療護制度。

四、臨終病患的安寧療護與照顧原則

罹患嚴重傷病，已不能治癒的住院臨終病患，在安寧療護施行期間，最需要他人的慰藉與照顧；特別是醫護人員、家屬、朋友、志工人員等的慰藉、陪伴、關懷與照顧，以及神職人員——如神父、牧師、法師等的指引、祈禱、祈福、助念，以獲得心靈的平靜、精神的解脫、生命的昇華。臨終病患在住院安寧療護期間，生命早已面臨死亡的威脅，因此，醫療團隊或其家屬在醫療、照顧時，宜遵守下列幾項原則：

（一）全面照顧原則

全面照顧，亦即四全照顧，包括全人、全隊、全家、全程的照顧。全人照顧，是指對病患本人，施以身、心、靈、社會方面的照顧，例如身的照顧，在協助淨身、便溺，減輕病痛，援助生活瑣事……等等。心的照顧，在解除空虛、煩悶、寂寞、恐懼……等情緒。靈的照顧，在協助靈修，或靜坐、或冥思、或禱告、或誦經、或聆聽聖樂與梵音……等等。社會的照顧，在協助寫信，協助預立遺囑……等等。其次，全隊照顧，是指由醫院醫師、護理人員、宗教人士（神父、牧師、法師）、社工

153

人員、志工人員、以及治療師、藥劑師、營養師……等所組成的醫療服務團隊，按日按時巡視安寧病房，對臨終病患施以療護與照顧。再者，全家照顧，是指動員病患家屬所有的成員，輪流陪伴或照顧病患，使病患不致萌生被冷落感，或埋怨子孫之不孝。至於，全程照顧，是指醫院醫療團隊以及病患家屬，對於臨終病患的照顧，由生到死、有始有終，絕不輕易放棄對病患的照顧，即使死後遺體的處理，亦遵照遺言、遺書或一般習俗、禮儀，慎重料理後事。以上，有關全人、全隊、全家、全程的四全照顧，在下一項內將會再次詳加介紹。

（二）人性關懷原則

罹患嚴重傷病的臨終病患，在臨終前的安寧療護期間，心理方面最感需要的，莫過於人性的關懷與照顧。所謂人性的關懷與照顧，即以人的善良本性所引發的愛心、憐憫心、同情心、慈悲心、互助心……等動機行為，去關懷、慰藉與照顧病患，譬如醫師例行巡視病房時，向病患打招呼、問好，和顏悅色的輕拍病患肩膀，問病患打針了沒有？吃藥了沒有？有沒有什麼地方不舒服？睡眠好不好？而護理人員打針時，總是輕輕的將針孔扎進病患的手臂上，還關心的問病患痛不痛？有沒有不舒服？而不是責備病患，這麼大了還怕痛！打針也不是什麼大事，叫什麼？愛心的表現，便是人性的關懷，可以提振病患的求生勇氣，促使病患敢與病魔挑戰，敢與死亡搏鬥，同時，人性的照顧，可使病患的生命受尊重，不致有被冷落的感覺。

（三）減輕痛苦原則

罹患嚴重傷病的病患，住院接受療護期間，身體上難免有不能忍受的疼痛，急盼醫護人員能為其注射藥物、免除或減輕其痛苦；而安寧療護的目的之一，便是在免除或減輕病患的痛苦，並對病患施以緩解性、支持性之醫療照顧，一旦臨終病患生命危急或已無生命跡象時，亦可依

據病患生前的意願，或其家屬的同意，不施行心肺復甦術，而任其自然的、無痛苦的死亡。減輕或免除痛苦，是所有傷病病患最感迫切需要的，緩和醫療的精神與目的，即在於此。

（四）尊重意願原則

臨終病患於醫院安寧病房，接受安寧緩和醫療期間，生命大多已瀕臨死亡的絕境，隨時有「往生西天」的可能，病患或許早有預知，因此，生前常有種種意願的表示，例如預立遺囑、財產的分配、死後遺體的處理、葬儀的舉行、現在的靈修、生命危急時不施行心肺復甦術……等等，除了執行安樂死不能允許外，其他合情合理的意願，應受尊重，尊重病患的意願，等於尊重其人格、尊重其生命，不得肆意違背。

（五）紓解哀愁原則

人之將死，其心難免有哀愁、難捨之感，故醫院的醫療團體或病患的家屬，對於臨終病患應盡其所能妥加照顧，設法紓解其哀愁，讓其無憂無慮、安詳自在的嚥下最後一口氣。為了紓解病患的哀愁，最好的方法便是陪伴床側，或者與其聊天，或者傾聽其陳述過去種種往事，或者協助其靈修、靜坐、禱告、唸佛，或者協助其翻身按摩……等等，盡量不使病患獨自躺臥病房，無人陪伴、照顧。

五、臨終病患的安寧療護與關懷照顧模式

醫院的安寧病房，是提供即將臨終的傷病病患（包含癌末病人），接受安寧緩和醫療的特別房間，與其他一般的病房不同。為了使臨終病患在臨終前能感受人情的溫暖，目前許多設有安寧病房的醫院，都響應四全照顧的安寧療護模式，以期提升醫療的品質，尊重臨終病人的生命尊嚴，不致病人因即將死亡，而遭受醫護人員以及病患親友的冷落！什麼是四全照顧？如何照顧？下面我們共同來探討：

155

（一）全人的照顧

　　全人的照顧，是對於臨終病患的整個病體生命，所涉及的身體的、心理的、靈性的、社會的全面的照顧，其目的在消除病患的疼痛、空虛、哀愁、恐懼，提升生活品質與生命尊嚴，使臨終病患在臨終前，能感受人間的溫暖，勇於面對死亡。

1. 身體的照顧：

　　臨終病患身體的照顧，在免除或減輕其病體的疼痛，治療或控制病體的傷病，照護病體的起居、作息、飲食、運動使其有舒適感、安全感；因此，醫院的醫療小組以及病患的家屬，必須有以下的照護措施：

(1) 醫療小組的療護：

　　① 施行病患的手術，及手術後的臨床照護。

　　② 施行病患的物理治療、化學治療、放射性治療及其他有關治療。

　　③ 施行例行的注射（包括打點滴）。

　　④ 按時巡視病房，探視病患的病況。

　　⑤ 緊急止痛（注射止痛藥劑）。

　　⑥ 其他偶發病況及醫療服務。

(2) 病患家屬的照顧：

　　① 協助病患淨身、換衣、便溺。

　　② 照護病患的起居、作息、飲食、走動、睡眠。

　　③ 協助病患翻身、靜坐、並為其按摩，以舒暢其筋骨，促進其血液循環。

　　④ 協助病患按時服藥。

　　⑤ 協助病患清除垃圾，保持整潔。

　　⑥ 陪伴病患，並注意天氣的冷熱，隨時調節室溫，及保持病房的空氣流通。

⑦ 保持病房的清靜，營造溫暖的氣氛。

⑧ 其他生活瑣事。

2. 心理的照顧：

　　臨終病患的心理照顧，在消除病患面臨死亡的恐懼、哀愁、空虛、迷惘、不捨、怨恨……等複雜情緒，使其看淡生死、不懼生死，並能順其自然的面對生死。因此，心理治療師及病患家屬，應有以下照護措施：

(1) 心理治療師的照護：

① 導引病患了悟「生命無常」的真義，明白宇宙萬物有生必有死的自然原則。

② 導引病患深信「死亡不是生命的結束，而是靈魂投胎轉世的開始」，敢於面對自己的死亡以及死亡後的未來。

③ 激勵病患與病魔搏鬥，與死亡挑戰，勇敢的面對殘酷的命運生活下去。

④ 疏導病患規劃自己的死亡，安排死後遺體的處理、財產的分配。

⑤ 疏導病患保持心理的安靜、情緒的穩定，不擔憂死亡的即將面臨。

⑥ 其他生死方面的輔導。

(2) 病患家屬的照護：

① 家屬成員輪流陪伴病患，與病患聊天、談話，並住宿於病房內，就近照顧病患，使病患不致有寂寞感。

② 依病患平日之興趣、嗜好，輕聲播放流行歌曲、民謠或佛教梵音，以陶冶病患之性情、安撫病患之心緒。

③ 協助病患起身、走動、靜坐、閱報，以排解煩悶的生活，增進心理的愉悅。

157

④ 觀察病患的情緒，隨時給予慰藉，必要時按摩其身體，以平復
　　其紛亂的心緒。

⑤ 找些病患喜歡談論、回憶的話題，與病患交談，使其暫時拋開
　　生死問題之困擾，提升心情之愉快。

⑥ 以笑容、笑臉面對病患，使病患感受親情之溫暖，不致有落
　　寞、空虛、煩躁之感。

⑦ 其他心理方面、情緒方面的照護（切勿以哭臉面對臨終病患）。

3. 靈性的照顧：

　　臨終病患的靈性照顧，在提升病患的精神層次，使病患的心理超
越生死的束縛，而達於昇華的境界。病患的靈性一旦獲得提升，便不
畏生死，視生死如歸宿，因此，有關靈性的照顧，神職人員（又稱宗
教人員，包括神父、牧師、法師……等）及病患家屬必須有以下的措
施：

(1) 神職人員的照護：

① 依病患之信仰，為其誦讀聖經、詠唱聖樂、祈禱，或為其講解
　　佛經、播放梵音、助念阿彌陀佛。

② 依病患之信仰，講述生死法則，勉勵病患超越生死束縛，消除
　　死亡恐懼，追尋靈性的昇華。

③ 導引病患從事靈修，拋開生死的煩惱，忘卻病體的不適，促使
　　靈性的精神涵養，達於忘我、無我境界。

④ 導引病患堅定信仰，深信自身的生命永生不死、靈魂永恆不
　　滅。

⑤ 其他靈性方面的開導。

(2) 病患家屬的照護：

① 協助病患起身、靜坐、靈修。

② 依病患之信仰或喜好，播放悅耳的聖樂或梵音，以助長其靈性
　的提升。

③ 協助病患在醫院內所設的教堂、佛堂內祈禱或膜拜。

④ 支持病患的信仰，對「生命永恆」、「靈魂不死」以及「再生再
　世」之投胎說，不表示任何意見。

⑤ 其他靈性方面修行之協助。

4. 社會的照顧：

　　臨終病患的社會照顧，在協助病患維護其社會生活上所享有的法
律關係，並為其處理日常瑣務；通常病患家屬及志工人員，可以協助
病患處理的瑣務，包括以下各項：

① 協助招待探病的親友。

② 協助書寫信函。

③ 協助預立遺囑。

④ 協助處理財產的繼承與分配。

⑤ 協助計畫死亡後的喪葬事宜。

⑥ 協助起身、下床或在病房內做暖身體操活動。

⑦ 協助病患料理家事、照顧幼小，使病患無後顧之憂。

⑧ 協助病患解決醫藥費用及其他經濟問題。

（二）全隊的照顧

　　一般醫療機構的所謂醫院(Hospital)，大多以病患為主體，以治療病
患的傷病為核心。當病患的傷病治癒，或已好轉，或已能控制，便允許
其出院返家療養。如果病患的傷病難以痊癒，或已呈現惡化，或已瀕臨
死亡，則任其病危死亡，醫院醫師無法分身照顧，最多只能施行急救措
施，一旦失效便放棄急救，並將已死的病體，迅速搬移至醫院附設之太
平間，總覺得缺乏人間溫暖。

159

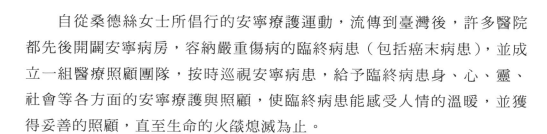

　　自從桑德絲女士所倡行的安寧療護運動，流傳到臺灣後，許多醫院都先後開闢安寧病房，容納嚴重傷病的臨終病患（包括癌末病患），並成立一組醫療照顧團隊，按時巡視安寧病患，給予臨終病患身、心、靈、社會等各方面的安寧療護與照顧，使臨終病患能感受人情的溫暖，並獲得妥善的照顧，直至生命的火燄熄滅為止。

　　醫院的醫療團隊，乃是由醫師、護理人員、物理治療師、職能治療師、臨床心理師、神職人員（神父、牧師、修女、法師……）、社工人員、志工人員以及有關的營養師、藥劑師……等所組成，有關臨終病患身體傷病的醫療與照護，因醫師、護理人員、物理治療師、職能治療師、營養師、藥劑師……等，都學有專長，故由其分擔任務。有關臨終病患的心理治療與照護，因臨床心理師具臨床經驗，且受過專業訓練，故由其擔當臨床心理治療工作。至於臨終病患的靈性開導，則依其信仰之不同，由神父、修女、牧師、法師……等啟蒙之。其他社會性之瑣事，則由社工人員、志工人員等協助處理之。另病患家屬之悲傷輔導，亦得由心理治療師、社工人員……等提供諮商服務。

　　目前國內規模較大的醫院，已有二十多所除了設有一般普通病房外，並設有特別病房——即安寧病房若干間，提供給臨終的傷病病患，作為安寧緩和醫療的場所；臨終的傷病病患，在生前不但可以享受醫療團隊所提供的醫療照護服務，還可以住宿安寧病房，與感情篤厚的家人共享最後的相處、相聚時光。

（三）全家的照顧

　　安寧療護的關懷照顧，不只是醫院內成立一組醫療團隊，由其對臨終病患作全天候二十四小時的醫療照護服務就夠，還應該動員病患家屬的大大小小，全家人一齊參與照顧的任務。

臨終病患與其家屬成員，平日同居一室，日日相處，感情深厚，一旦罹患嚴重傷病，被急送至醫院安寧病房，難免有被冷落、或寂寞孤獨之淒涼，如果家屬能輪流住院陪伴，或全家人在病房內照顧，則可消除其孤獨、寂寞、悲傷之情。特別是臨終病患已知來日不多，殷切期望能與家人共度最後的時光，享受最後的家庭溫暖，毫無抱憾的了此一生；故病患家屬宜排除一切阻力，全家大小參與臨終病患的照顧。

（四）全程的照顧

　　一個人的生命，從出生、成長、成熟、老化、年邁到死亡，總是隨著時光的流轉，不斷的在改變；當一個人罹患了嚴重傷病，被送至醫院內的安寧病房，便是步向死亡之路的起點。為了使臨終病患，在還沒有消失生命跡象之前，能夠接受到妥善的照顧，醫院除了動員醫院團隊，全天候二十四小時因應病患及病患家屬的緊急呼叫，對病患施行安寧緩和醫療，免除或減輕其身、心之痛苦外，還為病患祈禱、祈福，作靈性方面的慰藉，俾病患的情緒能獲得穩定與安適。

　　臨終病患的安寧療護與關懷照顧，是全程性的，從病患被送進醫院內的安寧病房開始，或者說病患的生命已步向死亡之路的起點開始，醫療團隊的安寧療護與關懷照顧工作，即積極的展開，自始至終，從不懈怠，一直至臨終病患病危、昏迷、彌留、死亡後，醫療團隊才卸下安寧療護與臨終照顧的重擔。

美國奧勒岡州(Oregon)已制定「尊嚴死亡法」，允許醫師協助絕症患者結束生命。

✛ 附 註

【註 1】　請參閱民法第五編繼承、第三章遺囑之條文。

【註 2】　摘錄自波伊曼(Loius P. Pojman)著、江麗美譯，生與死——現代
　　　　　道德困境的挑戰(1997/7)，榆林書店有限公司出版，第 78 頁。

【註 3】　引自尉遲淦主編，生死學概論(2000/3)，五南圖書公司出版，第
　　　　　10 頁及第 21 頁。

【註 4】　骨骼的移植，有下列四種：一、自體移植(Autogenous graft)：即
　　　　　以患者自體之骨骼，移植到需要的部位，如脛骨、腓骨、腸
　　　　　骨、肋骨等。二、同種異質骨移植(Allogenic graft)：即由他人
　　　　　身體取下之骨組織，移植到患者身上。三、異體移植
　　　　　(Heterogenous graft)：即以牛、豬等動物的骨骼，移植到人體。
　　　　　四、人工取代物(Cancellous bone substitutes)：即以人工合成的
　　　　　類骨質或處理過的珊瑚，作為骨質缺損的充填物。

【註 5】　依「人體器官移植條例施行細則」第七條之規定，移植眼角膜
　　　　　時，得摘取眼球，並於摘取後回復外觀或予以適當處理。

【註 6】　摘錄自林綺雲主編，生死學(2000/7)，洪葉文化事業出版公司出
　　　　　版，第 461 頁。

【註 7】　摘錄自 91.4.2 中華日報報導。

【註 8】　引自尉遲淦主編，生死學概論（註 3 前揭書），第 87 頁至第 94
　　　　　頁。及參考自林綺雲主編（註 6 生死學前揭書），第 430 頁。

【註 9】　SARS 是 Serious Acute Respiratory Symptom 的簡稱，醫學上稱
　　　　　它是一種「嚴重急性呼吸道的症候群」。此病症是由野生動物體
　　　　　內的冠狀病毒，經變種而侵入人體肺部，使患者肺部呈浸潤
　　　　　狀，並發燒、咳嗽，同時將病毒散布體外，傳染他人，死亡率
　　　　　甚高，迄今仍無特效藥可治，亦無疫苗可預防。

【註 10】新冠肺炎是嚴重特殊傳染性肺炎（COVID-19）的簡稱，是由嚴重急性呼吸系統綜合症冠狀病毒所引發，主要症狀約有「呼吸急促」、「發燒」、「乾咳」、「消化道問題」、「嗅味覺失調」、「頭、咽喉疼痛及充血」、「極度疲勞」、「結膜炎」、「感到刺骨寒意、全身痠痛」、「突發性知覺混亂」等 10 大類，其中以前 7 項較為民眾所熟知。

生｜命｜科｜學｜記｜事

一、世界首例舌頭移植，奧地利完成

法新社／維也納二十二日電

　　維也納綜合醫院發言人二十一日宣布，奧地利外科醫療團隊已順利完成世界首例舌頭移植手術。接受手術者是一名四十二歲患有舌癌的病人。發言人說，舌頭移植手術在上週六進行，歷經十四個小時，患者在手術後「恢復情況良好」。

　　手術在預期狀況下進行，並沒有發現任何負作用。醫院負責人說，病人是在被告知所有可選擇的方案後，自己決定接受移植手術。醫院方面未透露手術中的舌頭來源。

取材自 2003.7.23 中華日報報導

165

二、振興醫院：傲人紀錄，更凸顯器捐不易

許丕熙陷昏迷可能撐不過這幾天，急需 A 或 O 型心臟

記者王菁菁／臺北報導

　　振興醫院創下心臟離體十三小時，仍成功完成心臟移植手術，不過該院心臟醫學中心主任魏崢指出，這次手術的成功，不在於挑戰時間限制的新紀錄，而是凸顯國內器官捐贈來源不足外，也帶給未來心臟移植更多的可能性，避免浪費器官捐贈者的美意。

　　過去傳統觀念認為腎離體廿四小時、肝離體十二小時、心離體六小時、就是器官移植的黃金時間，但是這回振興醫院卻顛覆這個想法。魏崢說，這次心臟移植除了保存得宜外，純熟的移植技術及術後照護也是不可或缺的原因，該院移植心臟的成功經驗提供醫學界一個重要參考價值，顛覆傳統所謂器官缺氧時間限制的狹隘觀念，也讓未來使用器官限制越來越少。

　　不過魏崢也指出，十三個小時雖然是個傲人紀錄，但對於器官移植來說，當然還是越快越好，這項手術同時也凸顯了器官捐贈來源的不足，才會等了這麼久還是得用。

取材自 2004.1.20 中華日報報導

三、法國變臉手術，遭諮委會封殺

異體移植，涉及危險情況高

中央社／巴黎二日電

　　法國國家倫理諮詢委員會今天表示，不贊成全臉移植手術，因其所涉及的危險仍高，在沒有完全把握的情況下，這項手術仍處於研究和實驗階段。

　　外科醫師藍堤意(Laurent Lantieri)公開表示全臉移植技術可行，由於有病人表示興趣，於是在二月十九日訴請倫理諮詢委員會針對這項新醫學行為作裁決。委員會今天提出反對意見。全臉移植外科手術涉及從屍體臉部取得部分或全部的皮膚、神經、肌肉及部分骨骼。要得到臉部移植，必須有腦死的器官捐贈者，而且是在死者生前答應捐贈全部器官的情況下。

　　倫理諮詢委員會提出，移植手術包括皮膚、肌肉、有時還必須包括骨骼，人體免疫系統互斥的狀況可能提高，另外也有衍生癌症的危險。專家指出，從以前異體移植的經驗發現，百分之十會有互斥現象，在移植手術後五年到十年之間，互斥的狀況提高至百分之三十到百分之五十。結果曾發生移植的肢體再度面臨切除的命運。

取材自 2004.3.3 中華日報報導

166

四、大陸完成首例肝細胞移植

中央社／臺北一日電

　　北京的共軍三○二醫院宣布說，該院感染內科主任楊永平等多名專家聯手，不久前為一名四十多歲的患者成功實施了肝細胞體內移植手術。

　　中新社今天報導，經過兩天嚴密監測，目前患者生命現象正常，身體恢復良好，沒有任何急性排異反應。這是迄今中國首例肝細胞移植手術。這次手術成功，顯示中國治療急慢性重型肝炎及遺傳性肝臟代謝性疾病有突破。

取材自 2004.11.2 中華日報報導

五、幹細胞移植，盲人可復明

巴西新方法，採羊膜和眼球邊緣幹細胞

　　巴西醫學專家又發明了新方法，可以使盲人復明。醫生採用羊膜和眼球邊緣的幹細胞移植，修復了患者札德尼的眼球表層。銷售員札德尼在一次意外事故中，被化學藥劑燒傷了左眼，導致左眼失明，但醫生用此新方法，又使他在兩年後得以恢復光明。

　　據負責的醫生納多介紹，羊膜是從嬰兒的胎盤上提取而來的，而眼球邊緣則是將鞏膜和眼自分離之後得到的。醫生說，這一技術可用於治癒百分之七十的眼睛被化學藥劑燒傷的病例。在一些情況下，它可以恢復患者的視力，在比較嚴重的情況下，例如角膜完全損壞的情況下，使用這種方法可以為今後的眼角膜移植手術做好準備。

　　札德尼的工作是推銷化學製劑，在一次意外爆炸事故導致札德尼左眼失明，右眼也受到了波及，而且札德尼的頭部和身體也受到了不同程度的燒傷。六個月後，他接受了第一次手術，醫生從他的右眼取出眼球邊緣樣本，連同羊膜一起植入左眼。第二年，札德尼又接受一次眼膜移植手術。這些手術使他可以在未來接受新眼角膜的移植手術。

醫生估計，手術可以使札德尼恢復百分之四十到百分之五十的視力。患者表示，在事故發生之後，他的右眼視力只有以前的百分之三十，而左眼只有百分之八到十。因為失明而不能繼續工作，出門時還要有人陪伴才行。但他說，他確信將能恢復正常生活。

納多醫生表示，他已經做過十七例類似的手術，其中八個病例比較嚴重，以後還需要接受眼角膜的移植，另外九個受破壞程度較淺，通過幹細胞的移植，眼球表面和眼角膜已經可以自動恢復，並恢復了百分之八十到九十的視力。情況嚴重的病例中，視力的恢復程度是百分之三十到百分之六十。

取材自 2005.1.15 中華日報報導

六、幹細胞培植心臟細胞，星洲成功

預計五年後可為人「補心」，無排斥問題，可延長病患生命等待移植

中央社／新加坡二十五日電

新加坡全國心臟中心成功利用胰島素等人類體內自然化學物，將骨髓幹細胞培植成心臟細胞，預計五年後就可以用在病人身上，進行臨床實驗，為病人「補心」。

全國心臟中心心臟專科醫師王恩厚指出，冠狀動脈心臟病是新加坡第二號殺手，本地每年約有五百起新的心臟衰竭病例，但過去十年中，心臟移植手術僅二十八起，這主要是嚴重缺乏心臟器官捐贈者。因此，王恩厚說，病人往往得等上十年才能等到一個適合的心臟，不過末期心臟病人的壽命有時候只有五年，未來若能改用細胞移植療法，將可幫這些心臟病人延長壽命，以便等待適合的心臟出現，進行移植手術。

王恩厚表示，利用病人本身的骨髓幹細胞培養出心臟細胞，好處是不會有排斥問題。王恩厚透露，和全球其他機構進行心臟細胞培植的研究不同的是，其他心臟細胞培植使用殺傷力強的化學藥物，全國心臟中

心則使用胰島素等人類體內自然的化學物來培植，因此更加安全，心臟中心正為這項培植過程申請專利。

　　新加坡全國心臟中心目前正朝兩方面研究，一種療法是利用細管將幹細胞直接注入病人心臟受損的部位，讓健康心臟組織重新生長，這類手術風險低，併發症機率也較少。目前這套療法已經在豬身上實驗，效果令人滿意。另一種療法則是，心臟中心和南洋理工大學工程學院合作，在體外把幹細胞培植成立體的心臟組織，再直接把心臟組織薄片貼在受損的心臟部位，這種療法是可確保幹細胞已變成具跳動功能的心臟組織，才移植入病人體內，但醫生需要為病人心臟受損部位開個口袋。

取材自 2005.1.26 中華日報報導

七、美國重大判例，安樂死由監護人決定

本報綜合二十五日外電報導

　　美國最高法院今天拒絕受理是否應讓佛羅里達州一名陷入昏迷多年的婦女安樂死的案件，此一判例等於宣告腦死病人的監護人保有決定病人安樂死的權利，這對希望保留她餵食管的佛州州長布希來說是一大打擊。

　　聯邦最高法院今天決定不受理本案，意味著該名婦女的監護人──她的丈夫麥可擁有拔管的決定權，可以稱得上是一項重大判例。不過，美國法律界人士認為，各州仍有多起類似案件尚停留於爭訟之中。由於涉及層面廣泛，讓腦死病人得以安樂死的行動短期內仍不易實現。

　　涉及這宗安樂死爭議的當事人是現年四十一歲的佛羅里達州居民桃麗夏佛(Terri Schiavo)，她於一九九○年因心臟病發送醫後，迄今一直處於腦死的植物人狀態。據瞭解，佛州最高法院日前判決，一項由州長布希推動、經州議會通過的特別法與憲法不合。此特別法允許昏迷的桃麗夏佛得以繼續藉進食管維持生命。布希州長要求美國最高法院推翻州最高法院的這項判決。布希州長是現任總統喬治布希的弟弟。

　　桃麗的父母希望桃麗能繼續活下去，因此跑去找布希州長幫忙，據桃麗的雙親向法庭指出，女婿的目的只是為了儘快送走桃麗、以便及早再娶，因此堅決反對。桃麗十四年來在醫院加護病房依賴餵食管維持生命，桃麗的丈夫、也是她法定監護人的麥可夏佛(Micheal Schiavo)，不顧她父母與手足的反對，拔掉桃麗賴以生存十四年的進食管後，此二○○三年十月通過的特別法，命令將桃麗的進食管插回。

　　後來麥可雖然獲得勝訴，但是由現任州長布希領導的佛州州政府並不承認法定監護人有權決定腦死病人安樂死的權利，為此上訴到聯邦最高法院。代表桃麗父母的律師、美國法律與司法中心的首席顧問席庫羅說：「最高法院拒絕審理這件攸關桃麗夏佛生死奮鬥的案子，實在令人非常失望。」他說：「宣布『桃麗之法』於憲法不合，佛州法庭就等於是判她死刑。」

取材自 2005.1.26 中華日報報導

八、華盛頓州尊嚴死亡法，生效

醫師得對生命剩不到六個月患者，開立致死藥物

法新社／洛杉磯 3 日電

　　華盛頓州 1 項新的「尊嚴死亡」法律將在 5 日生效，這是美國第 2 個立法同意協助死亡的州。根據去年 11 月大選時進行的公投計票結果，華盛頓州醫師得以對生命剩下不到 6 個月的臨終病人，開立足以致死的藥物。美國只有奧勒岡州有類似立法，不過最近蒙大拿州法院判決臨終病人有權尋求醫師協助自殺。這項新法因 2006 年美國最高法院的一項判決而成為可能，支援新法的人說，讓法同意「協助死亡」，而不是「協助自殺」或安樂死。

　　倡議團體「慈悲與選擇」華盛頓分部主席巴奈特說，「協助死亡既不是安樂死也不是自殺」。他說，「這不是安樂死，因為安樂死指的是經由醫師結束生命的行動。它也不是自殺，因為人們不是選擇死亡，而

是在死亡時選擇協助。」「他們並不想死——他們是身處生不如死，苦痛難以減輕的情況下，選擇結束苦痛。」反對人士認為，這項法律讓病患輕易選擇死亡，支持者反駁說，法律已經規範一系列嚴密再三檢驗，足以避免該法被濫用。

　　根據法律，尋求醫師開立致死藥物診斷書者，必須年滿 18 歲，而且是華盛頓州居民。為取得診斷書，病人必須先在 2 位無利害相關者的見證下，撰寫書面請求書，再提出 2 次口頭請求。同時需要兩位醫師確認該病患來日不到 6 個月。

取材自 2009.3.5 中華日報

九、英首例「手移植」讓他牽起孫子

本報綜合外電報導

　　英國五十二歲前皇家海軍陸戰隊員馬克‧卡西爾(Mark Cahill)，二十年前因嚴重痛風，右手被細菌感染而癱瘓；他在六個月前接受手部移植手術，並且術後恢復良好，不僅實現他渴望牽孫子的願望，還能用「新手」端茶給妻子；卡希爾也是全英首例手移植患者。卡希爾曾在英國皇家海軍陸戰隊接受訓練，退役後在一家酒吧上班。他三十二歲時，左手關節與手指開始痛風，很快感染到右手，之後右手的病情更惡化到癱瘓。幸好二十年後，先進的醫療技術讓他重獲新生。

　　這起成功的移植手術在英國醫療史上立下一個里程碑，卡希爾手術長達八小時，醫生切除他的舊手後，將手臂骨頭與移植手的骨頭接合，接上血管、肌腱和神經後縫合。手術成功後，移植手雖然看起來腫脹，已長出毛髮和指甲，且每隻手指都能活動。現在除了可以替妻子端茶水、打電話外，卡希爾最開心的，是終於可以牽著四歲的孫子出門。

取材自 2013.7.7 人間福報

十、美國首個移植子宮內孕育寶寶誕生

新華社／華盛頓四日電

　　子宮移植被認為是讓子宮性不孕女性受孕的唯一途徑。世界首例子宮移植手術於 2014 年在瑞典完成。

　　美國貝勒大學醫學中心 2017 年 12 月 4 日宣布，美國一名接受子宮移植手術的女性上月在該中心成功產子，這名新生兒是美國第一個在移植子宮內孕育出生的寶寶。新生兒是名男嬰，目前母子平安，母親已出院，孩子仍留院觀察。

　　美國生殖醫學學會發表聲明說，這名嬰兒的誕生是「生殖醫學史上又一個重要里程碑」，但同時強調該領域的工作必須在相關審查委員會的監督下進行。

　　全世界每 500 名女性中就有約 1 人患有子宮性不孕，即先天沒有子宮或因子宮發育不良、病變而無法正常懷孕。

　　子宮移植被認為是讓子宮性不孕女性受孕的唯一途徑。世界首例子宮移植手術於 2014 年在瑞典完成。此前，共有 8 名移植子宮孕育的寶寶誕生，所有孩子都出生在瑞典。

取材自 2017.12.06 kknews.cc

第 **5** 章

生命的失落與悲傷輔導

第一節　生命的失落

第二節　悲傷的輔導

INTRODUCTION TO LIFE–AND–DEATH STUDIES

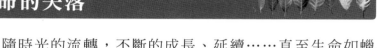

第一節 ☾ 生命的失落

　　人的生命，常隨時光的流轉，不斷的成長、延續……直至生命如蠟燭灰燼、軀體如樹木枯乾似的死滅。

　　人的生命，在成長的過程，好比是旅途上的起伏、顛簸，有挫折、有如意，有痛苦、有快樂，有失敗、有成功，有生命的失落、有甦醒的喜悅……，總之，人生不如意事十常八九，而失落便是不如意事之一種，什麼是失落呢？有關失落的種種，我們將在下面分項探討：

一、失落的意義

　　人的肉體生命，隱含著理智生命、情感生命、意欲生命等三個層次。這三個層次的生命源泉，從有生命開始即附著肉體生命，發揮其特有的功能；當肉體生命死滅，這三個層次的生命也跟著死滅，不留任何痕跡。

　　失落，是情感生命的一種，常伴隨情緒、行為、反應一同出現。當一個人突然知悉身患絕症、將面臨死亡的命運時，不但心裡頭有失落感，連情緒上也陷入低潮，憂鬱、不樂、愁苦，常不自禁的失聲哭泣，行為異於常人，常萌生自殺念頭，孤獨自處，拒絕參與社交活動，反應遲鈍，生活混亂，極需他人的慰藉與開導，才能看淡生死，恢復正常的心態，勇敢的與病魔挑戰，與死亡搏鬥。

　　那麼，什麼是失落呢？失落一詞，辭典上有「失去」、「遺失」、「掉落」的解釋，但是，生命失落的失落，應該解釋為：個人在社會生活上，遭遇到某種特定的刺激後，情緒上所呈現的若有所失的心理狀態，例如考試落榜的失落、事業失敗的失落、遺失巨款的失落、罹患癌症的失落、喪失子女的失落……等。

二、失落的類型

　　在日常生活裡，每一個人都可能會遭遇重大的刺激，因而引發情緒上、心理上的失落感，譬如家中遭小偷光顧，失去了心愛的鑽石項鍊、巨款；相愛相戀的男子，竟然與另一女子結婚；平日身體健壯的丈夫，竟然一病不起；罹患癌症末期的奶奶，已瀕臨死亡。

　　失落，本無種類之分，但為了說明上的方便，我們姑且從各方面來加以分類：

（一）罹患惡疾的失落與遺失財物的失落

　　從失落的主體與客體來分，失落有罹患惡疾的失落與遺失財物的失落。前者是指失落的人，因為罹患惡疾、絕症，自知無法治癒，來日不多，因而引發情緒上、心理上的失落狀態；後者是指失落的人，因為被騙、被偷、被劫、被搶，因而損失貴重的財物，致引發情緒上、心理上的失落狀態。

（二）預知死亡的失落與意外死亡的失落

　　從失落的發生情形來分，生命的失落有預知死亡的失落與意外死亡的失落。前者是指罹病的人或其家屬，對於即將發生的死亡事實，早已知悉，因而情緒上、心理上早就呈現若有所失的失落感。後者是指失落的人（指其家屬），對其親人意外發生死亡的事實，事先毫無預知也無預感，因為事出突然，所以情緒上、心理上呈現混亂的失落感。

（三）親友死亡的失落與寵物死亡的失落

　　從引發失落的對象而言，生命的失落有親友死亡的失落與寵物死亡的失落。前者是指失落、沮喪的悲慟情緒，來自於親友的死亡事故。後者是指失落、沮喪的心理痛苦，來自於寵物的死亡，例如愛犬的死亡。

175

三、瀕死者的失落

　　瀕死者，不論是老年人或壯年人，抑或是未成年人；也不論是罹患絕症或身受重傷，抑或是年邁體衰，當其知悉已來日不多，即將與世長辭時，心理上、情緒上難免有若有所失的失落、痛苦與沮喪感；瀕死者，面臨死亡時，為什麼會有失落的心情？有什麼事令人擔憂而引發失落的情緒？瀕死者有什麼失落？

（一）即將失去生命的失落

　　有生命的人，最怕失去生命，因為生命一旦失去，什麼都成為烏有，只留下一具冰冷冷的軀體，雖然有人說人有靈魂的存在，當人的肉體死亡後，附著於人體內的靈魂並沒有死亡，它會脫離人體自由自在的飄浮空間，一直到尋獲宿主、投胎轉世為止。人體的靈魂存在說，雖然可以給瀕死者多多少少的慰藉，但靈魂畢竟是看不見、摸不著的東西，瀕死者，當面臨死亡的階段，還是有即將失去生命的失落與憂鬱。

（二）即將失去身體的失落

　　一個人的身體，是由早期的受精卵發育成胚胎，再由胚胎發育成胎兒；當胎兒出生後，還只是一個軟弱的嬰兒軀體，再經過相當時日的生長、發育，隨著時光的流轉，而成為一個具人類形骸的健美身體，這具身體包含頭部、四肢與軀幹，是由皮膚、肌肉、骨骼以及體內臟腑所構成，不但有生命，還能言語、思考、行走、學習。人的身體，不是鋼鐵鑄成，因此，它容易老化，甚至發生病變、殘廢、敗壞，直至僵硬、腐爛。當瀕死者，面臨死亡時，不但擔憂自己即將失去生命，還擔憂自己即將失去這具陪伴其漫長歲月，扶持其跋山涉水，度過無數歡樂時光的身體，因而心理上、情緒上常呈現失落、不捨與無奈感。

（三）即將失去自我的失落

　　每一個人，從生命誕生起，在父母的調教下，漸漸的產生了自我的觀念，知道了自己的姓名、自己的面貌、自己的性別、自己的體型、自己的聲音、自己的筆跡、自己的東西；也知道自我是代表有生命、有身體、有人格、有尊嚴、有聲譽的我，必須珍惜它、愛護它、擁有它；但是，自我的生命，沒有永恆性，一旦面臨死亡的威脅時，難免有即將失去自我的空虛、失落與迷惘感，不知死後這個我的形影，是否仍能存在於人世間的眾人眼前？也不知我的生命，是否有未來？是不是人死了，我的姓名也跟著幻滅？我，究竟會流落到哪裡？去何方？

（四）即將失去配偶的失落

　　在人生的旅途上，芸芸眾生，有男有女，有老有少，各奔自己的前程。而男女之間，一旦身心發育成熟，只要兩情相悅，彼此相愛、相惜，即可私訂終身，共締白頭偕老的婚約，而成為彼此的配偶。配偶是同甘共苦、同床共眠的伴侶，在顛簸的生命旅途上，夫妻之間，常是有福共享、有難同當、相互扶持、相互依賴，有朝一日，配偶之一方，不幸遭逢厄運，瀕臨死亡的絕路時，則難免有即將失去老伴的失落與哀傷，擔心在世的另一半，未來將何去何從？依靠誰？這是瀕死者最難以寬心的罣念。

（五）即將失去親友的失落

　　在生命的海洋航途上，親屬和朋友是同船共渡的人生舞臺過客；親屬的成員，包括直系血親尊親屬（如祖父母、父母）、直系血親卑親屬（如子女、孫子女）、旁系血親尊親屬（與父母同輩以上之旁系血親）、旁系血親卑親屬（與子女同輩以下之旁系血親）、姻親……等等，而朋友，包括同學、同事、同仁、同僚、同業……等感情深厚，誠實相待的男女友人。瀕死者，平日與親屬成員及朋友相互扶持、關懷，感情篤厚，一旦面臨死亡時，難免有即將失去親友的失落、不捨與無奈感。

177

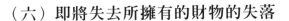

（六）即將失去所擁有的財物的失落

在人生的旅程上，當個人完成了某一階段的學校教育，為了因應生活上的迫切需要，便自然會謀求一份與自己能力相當的職業或工作，以便換取薪酬、累積錢財；當錢財累積多了，生活趨向穩定時，即開始有了置產的念頭，不是購買機車或汽車，就是以分期付款方式，增購房屋或土地。然後，再依憑自己的喜好與興趣，添購古董、古物、古玩以及稀有的貴重字畫，珍藏屋內方便隨時觀賞把玩，藉此陶冶性情、培養高尚氣質、提升生活品味。惟這些珍貴的古董、古物、古玩以及價值連城的字畫，只能供主人生前觀賞把玩，卻不能隨主人死後轉生另一個世界，因此，瀕死者，在面臨死亡的旅程終點時，難免有即將失去所擁有的珍貴財物的失落、悲嘆與遺憾。

（七）即將失去權利能力的失落

一個人的權利能力，始於出生，終於死亡，民法上有明文規定。因此，當懷胎的婦女分娩子女後，如非死產，則出生後的子女，即享有法律上所保障的權利，得以排除國家或任何人不法的侵犯。此項權利，包括個人的生命、身體、自由、名譽、財產、貞節、人格、身分……等等，不勝枚舉。瀕死者，不論是未成年人，或是成年人，因其來日不多，難免有即將失去權利能力的失落與遺憾。

四、瀕死者親屬的失落

瀕死者，既然是在世已不久，即將面臨昏迷、彌留、死亡的時刻，則其親屬難免有失落、哀傷、悲痛與難捨的複雜情緒，連帶的在日常生活上，有吃不下飯、睡不下覺、生活秩序混亂、面容憔悴的現象，尤其在深夜間常會情不自禁的暗自飲泣，痛惜即將離別塵世、離別家人的瀕死者。瀕死者的親屬，包括直系血親、旁系血親與姻親；以輩分而言，有尊親屬與卑親屬之別，因此，瀕死者親屬的失落，也有下列幾種情形：

（一）尊親屬對瀕死者的失落

　　尊親屬對瀕死者的失落，是指直系血親尊親屬或旁系血親尊親屬，以及與尊親屬同輩的姻親，對於瀕死的晚輩親屬，所流露的失落感情。直系血親尊親屬，如祖父母、父母，平日與瀕死的直系血親卑親屬，如子女、孫子女，朝夕相處，感情深厚，一旦具有直接血統關係的子女、孫子女瀕臨死亡的絕境，做為直系血親尊親屬的父母或祖父母難免心痛如刀割、哀傷如火烙，恨不得與瀕死的卑親屬同赴黃泉，或代替其死亡以挽回其即將失去的生命，以免身受白髮人送黑髮人殯葬的痛苦。至於旁系血親尊親屬以及與尊親屬同輩的姻親，雖與瀕死的卑親屬，或許不常相聚，或許不同居一室，但不是有血統關係，就是有姻親關係，故對其卑親屬的瀕臨死亡，亦難免有失落、哀傷、無奈、憐惜與難捨之情。

（二）卑親屬對瀕死者的失落

　　卑親屬對瀕死者的失落，是指直系血親卑親屬或旁系血親卑親屬，以及與卑親屬同輩的姻親，對於瀕死的尊親屬，所流露的失落感情。直系血親卑親屬，如子女、孫子女，與己身所從出的直系血親尊親屬，如祖父母、父母等關係密切，不但有直接的血統關係，還可能同居一室、朝夕相處、感情深厚，特別是卑親屬的子女或孫子女，從小即受尊親屬的父母或祖父母所疼愛，幸福無窮，一旦尊親屬瀕臨死亡的絕路，卑親屬難免有即將失去所依靠的最近親人的失落感，因此，引發一連串的悲傷情緒。至於卑親屬對於瀕死的旁系血親尊親屬，如伯父母，或與尊親屬同輩的瀕死姻親，因親等較疏遠，且不常相處一室，故對其即將死亡一事，大致僅寄予同情、惋惜。

（三）即將失去依附關係的失落

　　任何一個家庭，不問其成員如何，多多少少存在著依附關係，譬如有夫妻之間的相互依附，有尊親屬與卑親屬之間的相互依附；被依附的

179

一方，常是經濟能力較佳，能照顧對方，或負擔家計，或保護家屬、家產的人；而依附的人，大多是依賴他方供養、照顧或扶育的家屬成員。被依附人與依附人，平日同居一屋，朝夕相聚，感情融洽，一旦被依附人（不問是尊親屬或卑親屬或夫妻之一方）瀕臨死亡的絕境，依附人難免有即將失去依附關係人的失落與痛苦，其常見的哀傷情緒，是憂鬱失神，或深夜獨自啜泣。

五、生命失落的心理轉變過程

一個有血、有肉、有骨骸、有軀體、有思想、有理智的正常人，在生存奮鬥的旅程中，最怕聽到的訊息，是自己的死訊；最怕面對的殘酷結局，是自己的死亡；因此，當一個懂得珍惜自己生命的健康人，突然從醫生的口中，聽到自己罹患了癌症，或者將不久於人世，我們閉目想想看，他（她）將會有怎麼樣的感受？首先，他（她）可能會震驚；可能會懷疑；可能會慌亂；而後有失落感。接著，精神不振、情緒低落、茶飯不思、心緒混亂，而後產生了沮喪情緒。最後，看破了生死，接受命運的安排，勇敢的面對自己的死亡。所以，任何一個人的生命失落，是依循「失落→沮喪→接受」的心理轉變過程，一直至肉體死亡為止。為了深入瞭解生命失落的心理轉變過程，我們姑且如此說明：

（一）失　落

當一個懂得珍惜自己生命的正常人，從醫師的診斷報告，知悉自己罹患了絕症，已難以治癒，將不久於人世時，起初，個人所呈現的反應，是一陣震驚或懷疑，震驚的發生，是由於絕症來得太突然，死訊讓人承受不了，於是懷疑起自己的遭遇，不相信自己這麼倒楣，明明身體健健康康的，怎麼會罹患絕症？又是無藥可治！？可是，醫師的診斷怎可不相信？誤診的事雖然不能說沒有，但畢竟案例不多，在震驚和懷疑的心理衝激下，漸漸的，個人的情感又有了失落的空虛、惆悵，對往後

的生活充滿迷惘，心情慌亂，鬱鬱不樂，不知如何面對未來的生死，也不知如何堅強的生活下去，生命的即將死滅，使曾經編織過的美夢歸於幻滅，未了的心願不知如何去完成？總之，心裡的迷惘、空虛、慌亂、惆悵、抑鬱、憂愁……等複雜情緒，是生命呈現失落波折時，最常發生的現象。

（二）沮　喪

沮喪，是當一個人罹患了不治之症，面臨死亡的命運時，由早先的震驚、懷疑、迷惘、空虛、慌亂、惆悵、抑鬱、憂愁……等失落心態，轉變而成的悲傷複雜情緒。因此，沮喪情緒雖然發生在後，但與失落心態的震驚、懷疑、迷惘、空虛、慌亂、惆悵、抑鬱、憂愁……等複雜情緒，仍有不可分離的依附關係，換句話說，生命呈現失落狀態時，常伴隨出現震驚、懷疑、迷惘、空虛、慌亂、惆悵、抑鬱、憂愁……等複雜情緒。而個人陷入沮喪情境時，這些迷惘、空虛、慌亂、惆悵、抑鬱、憂愁……等複雜情緒，也同樣會伴隨出現。只不過當個人沮喪時，還會出現啜泣、嘆息、埋怨……等反應。啜泣的原因，大多緣於失望、絕望、哀痛，試想當一個人罹患絕症，將不久於人世時，怎不哀痛啜泣、傷心落淚？而嘆息的原因，大多出自個人的感慨、愁緒；而埋怨的原因，大多在譴責上天的不公，為什麼要如此折磨好人，將噩運降臨好人的頭上？總之，啜泣、嘆息、埋怨……等情緒性反應，常是個人在陷入沮喪低潮時，最常出現的伴隨反應。

（三）接　受

個人的生命，經歷了失落與沮喪兩個階段的情感折磨後，知道憂傷、啜泣、嘆息、埋怨都無濟於事，生命終究要結束，死亡終究要面臨，無法逃避這個劫數，於是轉變成消極的接受，接受命運的牽制，接受未來的死亡；不過，在接受的低潮情緒中，個人常伴隨難過、無奈、

181

忍痛、不捨、依賴……等的複雜情緒與舉動。但也有例外，有些絕症者竟然能看破生死，勇敢而活潑的從事旅遊活動，以忘卻生死的苦惱；有些絕症者為了精神上的寄託，竟然選擇靈修、靜坐，以超脫生死的羈絆；有些絕症者擔心來日不多，竟然醉生夢死、飲酒消愁、狂歡作樂；有些絕症者日夜祈禱、祈願；有些絕症者終日橫躺病床，等待死亡的到來。總之，每一個人在接受死亡挑戰的階段，所面對的態度及其生活方式，因各人的人生觀及其身體狀況的不同而異。

（四）死　亡

死亡，是每一個生命體的最後歸宿，當一個罹患不治之症的病人，突然生命危急、精神狀態呈現昏迷或彌留現象時，死亡便迫在眼前，任誰也無法逃避，這是宇宙間所有生物的共同歸宿，受自然法則的支配。

第二節 ☾ 悲傷的輔導

悲傷的輔導，也有稱之為哀傷輔導的，其實悲傷與哀傷都是同一意義。自從輔導學的理論與技術，由美國引進國內後，首先應用在教育學上的有所謂：「教育輔導、職業輔導與生活輔導」；應用在心理學上的有所謂：「心理輔導」，而悲傷輔導就是屬於心理輔導的一種。

一、悲傷的意義

悲傷與哀傷、沮喪，都是同一情緒心態，特別是沮喪，我們在前一節第五項內，已經提到過，悲傷是不快樂情緒的一種，是由早期的苦惱情緒，逐漸分化發展而成。當一個人遭遇到不如意事（如經商失敗、考試落榜），或面臨重大變故（如面臨死亡、子女死亡），或身受其他足以激起悲傷心情的刺激（如罹患不治之症），則悲傷情緒油然自心中產生，其所呈現的反應，在面部如雙眉緊鎖、垂頭喪氣、臉色沉重、眼眶紅

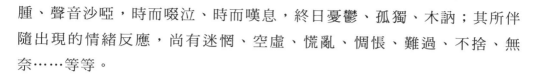

腫、聲音沙啞，時而啜泣、時而嘆息，終日憂鬱、孤獨、木訥；其所伴隨出現的情緒反應，尚有迷惘、空虛、慌亂、惆悵、難過、不捨、無奈……等等。

　　什麼是悲傷呢？悲傷一詞，簡單的說，它是一種哀傷的情緒和行為。從生死學的觀點來說，悲傷是當一個人面臨死亡關頭時，所出現的若有所失的複雜哀傷情緒和行為。

二、悲傷的理論

　　悲傷的理論，因學者間的觀點不同，見解不一。依據高雄師範大學黃有志教授在「悲傷輔導」一文中所論述的悲傷理論，計有疾病論、認知論、心理分析論、依附論、存在論、符號互動論、壓力論、資源論、階段論、任務論等十種。【註 1】

　　本書為力求簡要，僅略述悲傷階段論與悲傷任務論等二種：

（一）悲傷階段論

　　悲傷階段論，是由美國著名的精神醫學專家，亦即死亡學研究的開拓者之一庫布勒・羅斯(Elizabeth Kubler-Ross)所提倡。她在「論死亡與臨終」(On Death and Dying)一書中，曾依據自己與癌末病患談話的結果，建立了五個悲傷階段的理論，由於她的理論是依據二百多位癌末病患的口述綜合而成，因此較為客觀、可信，這五個悲傷階段是這樣的：

1. 否認(Denial)：當一個身體健康的人，突然被醫師告知罹患了癌症末期的不治之症，將不久於人世，試想他（她）將是如何的震驚！？如何的懷疑！？他（她）會毫無疑問的相信嗎？不會。因此，這否認，是帶有懷疑性質的，譬如當臨床醫師告訴他（她）罹患了癌末病症，他（她）會否認的說：「不，不可能的，我怎麼會罹患癌症？」或者說：「我身體好好的，怎麼會罹絕症、面臨死亡？」這些否認的話，總是

183

帶有一些懷疑，不是絕對的否認或不相信。否認是一種防衛作用，可以紓解心理的緊張，避免因過度震驚而昏倒，當求診者情緒恢復穩定後，自然會慢慢的接受這殘酷的事實。

2. 憤怒(Anger)：一個人罹患了癌末病症，光是否認是無濟於事的，必須勇敢的承認事實，計畫未來的生死。當第一階段的否認不能繼續發生作用時，第二階段的憤怒便油然產生。憤怒不是指摔瓶子、踢桌椅的洩恨舉動，而是帶有埋怨、妒恨等的負面情緒，譬如罹患癌末病症者會埋怨的說：「為什麼會是我罹患絕症？上帝真不公平！」或者妒恨的說：「別人都不會罹患癌症，為什麼偏偏是我？這麼倒楣！」憤怒、埋怨、妒恨等負面情緒，是抗議上帝（或造物者）不公、不平的不滿態度，對其他人尚無任何影響，不必驚慌、排斥。

3. 討價還價(Bargain)：罹患癌症末期的病患，經歷了憤怒階段的情緒發洩，知道埋怨、妒恨救不了自己的病痛，於是轉而向上帝（或神明，或主耶穌）討價還價。所謂討價還價，不是商場上的殺價、議價或交易活動，而是藉助祈願、許願……等的宗教祈禱或跪拜方式，祈求上帝（或神明、或主耶穌）的憐憫、慈悲，賜於奇蹟的出現，使自己的不治之症，能倏然好轉、痊癒。倘若上帝（神明或主耶穌）能伸出援手，協助達成願望，當隨侍左右以報答及酬謝，這是第三階段的討價還價。討價還價式的祈願、許願活動，並不一定能實現，它只不過是病患者為了求心安、求慰藉，所表現的極為幼稚的舉動，當奇蹟未出現，病體未好轉，很快的病患會產生消極的抑鬱情緒。

4. 沮喪(Depression)：癌末病患，終究要面對罹病事實，接受醫院的手術、電療、化學治療，不能老是否認、憤怒或沉迷在與上帝討價還價的幻想境界。當癌末病患覺察自己的病狀未見好轉，或是病情越來越不樂觀，或是身體越來越消瘦、虛弱，或是精神一天比一天疲憊，於是他（她）會警覺性的預知自己已來日不多，開始消沉抑鬱、垂頭喪

氣、失落哀傷，有時會暗中哭泣、嘆息，有時會靜坐、冥思。這時，親屬們只須陪伴，以愛心去照顧病患，或者傾聽其敘述往事，或者與其分擔悲傷痛苦，或者協助完成未了心願，或者勉勵其靈修、提升靈性的生命。總之，沮喪是每一個瀕死者常發生的負面情緒，必須設法使其安詳的面對生死、看淡生死、接受生死。

5. 接受(Acceptance)：經過一段時間，與癌症相抗爭、與生命相搏鬥之後，終於，癌末病患不得不接受即將死亡，即將告別家人的殘酷事實。接受，不是一種令人快慰的喜事，而是一種消極的、悲痛的、無奈的、不捨的、令人不得不承受的心態，當癌末病患呈現疲態或昏昏欲睡時，死亡的時刻即將來臨，這時我們可以說，癌末病患已心平氣和的接受死亡的命運。【註 2】

（二）悲傷任務論

　　悲傷任務論，是由美國哈佛醫學院及加州羅斯密德心理學院心理學教授——威廉・沃頓(J. William Worden)博士所倡導。他在其所著的「悲傷輔導與悲傷治療」(Grief Counseling & Grief Therapy)一書中，曾提出下面的四項哀悼任務：

1. 接受失落的事實：哀悼的第一項任務，便是要悲傷者接受失落的事實。威廉・沃頓博士曾云：「當某人死亡，即使是預料中事，仍常會令人有種『這是不應該發生』的感覺。悲傷的第一個任務便是完全面對事實，承認這個人不會再回來。接受現實就是相信與失去的對象重聚是不可能的事」。【註 3】

　　因此當我們失去親人，或者失去所依附的對象，而產生悲傷的情懷、鬱鬱不樂的心態時，應該勇敢的面對事實，承認死者已不存在，生命復活是不可能的事，只要接受失落的事實，才能完成第一項哀悼的任務。

2. 經驗悲傷的痛苦：哀悼的第二個任務，即是經驗悲傷的痛苦。什麼是痛苦呢？威廉・沃頓博士認為：「德文 schmery 即『痛苦傷心』，很適合用來詮釋痛苦，因為其寬廣的定義，包含了許多人在失落後所經驗到的生理、情緒、行為上的痛苦。承認和解決這種痛苦是必須的，否則痛苦會藉著病症或其他偏差行為的形式來呈現」。又說「雖然每個人經驗痛苦的方式各有不同，但是失去自己曾經深深地依附的對象，而完全沒有痛苦，是不可能的事」。因此，任何人在失去親人，或者失去所依附的對象時，都難免會經驗到悲傷的痛苦。不過，威廉・沃頓博士又補充說：「拒絕第二項任務有各種途徑，最明顯的是斷絕感覺及否定痛苦」。又說：「有時候人們會有逃避痛苦的思想，藉著停止思想免於感受失落的痛苦；也有些人只想逝者愉悅的一面，以免除不舒服的感受，或避免接觸可能想起逝者的事物，以及酗酒或嗑藥」，或「到處旅行，試圖從情緒中解脫，而不允許自己感受痛苦」。威廉・沃頓博士說：「這種種方式，往往阻礙了第二項任務的完成」。【註4】

3. 重新適應一個逝者不存在的新環境：悲傷者，在失去親人或失去依附對象後，當然須重新適應一個逝者不存在的新環境。威廉・沃頓博士說：「適應新環境，對不同的人來說，有不同的意義。得視生者與逝者的關係和逝者所曾扮演過的角色而定」。又說：「對喪夫婦女而言，她得花費一段時間去明白那種沒有丈夫的生活是什麼樣子。這種覺悟通常發生在失落後三個月，才能逐漸掌握獨自生活、撫養孩子、面對空虛、處理經濟等問題」。因此，悲傷者，在失去親人或失去依附對象後，不但須重新適應逝者不存在的生活，還須調整角色行為，扮演逝者在生時的社會角色。所以，威廉・沃頓博士又說：「生者不僅須就失落了以前為逝者所扮演的角色加以調適，死亡本身亦迫使他們去面對調整自我概念的挑戰」。雖然「許多生者會怨恨必須學習新的生活技巧和擔負以前由伴侶擔任的角色」，但是，「不去發展必須的生存技巧，

或從世界退縮而不去面對環境的要求，就可能會被矛盾所困而延緩成長，因而促使第三項任務的失敗」。【註 5】

4. 將情緒的活力重新投注在其他關係上：此項任務的用詞，因遭受許多學者的批評，同時容易讓人誤認為：只要重新建立其他的新關係，便可以完成悲傷的最後一個任務，因此再版時，修改為：「情緒上重新定位逝者，並繼續迎向生活」。【註 6】

　　依據威廉‧沃頓博士的看法，哀悼的任務「不是促使生者放棄與逝者關係，而是協助生者在情感生命中為逝者找到一個適宜的地方，使生者能在世上繼續有效的生活」。又說：「失去子女的父母，通常很難瞭解情感撤回的觀念，但以將情感重新定位來看，這些父母在失落之後，可以持續擁有與去世孩子相關的想念和回憶，同時找到一種方式讓自己可以過下去」。最後，威廉‧沃頓博士引述沃肯(Volkan)的話說：「唯有在日常生活中，當哀悼者不再強烈需要恢復逝者的形象，哀悼才會結束」。【註 7】

187

三、悲傷的輔導

　　悲傷者，大多精神不振、心情抑鬱、情緒低落、生活秩序混亂，長久持續下去，可能會導致精神崩潰，故須要受過專門訓練的特定人員，伸出援手、協助輔導。什麼是輔導呢？輔導即是協助、開導、誘導的意思；悲傷輔導則是由受過專門訓練的特定人員，運用輔導的方法、策略與技術，協助悲傷者走出憂鬱的陰影，面對自己的人生旅程，勇敢的生活下去。下面我們來探討悲傷輔導有關的問題：

（一）悲傷輔導的對象

　　悲傷輔導的對象，概括的說，是失落的悲傷者。但失落的悲傷者，包含尚未死亡的絕症病患（如癌末病患、傷重病患）以及喪失親人的失落者。因此，悲傷輔導的對象，一是面臨死亡的失落者，或其家屬，一是喪親的生者。

（二）悲傷輔導的目的

悲傷輔導的目的，因輔導對象的不同，而有不同的目的，就面臨死亡的失落者而言，因其生命即將死滅，無法冷靜的接受死亡的命運，心中充滿怨恨、不捨、惆悵、迷惘、空虛、恐懼……等複雜情感，因此，其悲傷輔導的目的，在於：1.引導失落的悲傷者，看淡生死，勇敢的面對自己未來的死亡；2.協助失落的悲傷者，從悲傷的陰影中解脫開來，勇敢的與絕症搏鬥；3.協助失落的悲傷者，從事靈性修行，提升生命的價值，忘卻死亡煩惱；4.協助失落的悲傷者，以自己的能力，完成未了的心願。

至於喪親的失落者，因其悲傷的情感，出自於親人的去世，因此，其悲傷輔導的目的，不外：1.引導失落的悲傷者，瞭解人死不能復生的自然法則，沖淡其悲傷的情感；2.協助失落的悲傷者，處理喪亡者生前未了的大事，以慰撫心中的煩惱；3.協助失落的悲傷者，克服失落後再適應過程中的障礙；4.鼓勵失落的悲傷者向逝者告別，並重新迎向嶄新的生活。【註8】

（三）悲傷輔導的方式

悲傷輔導的方式，與一般輔導的方式相同，有集體的、有個別的；集體的悲傷輔導，人數較多，少則三、四人，多則幾十人，無一定的人數限制，也不一定有專業人員在場輔導，參與的人既然都有喪親之痛，在同病相憐的情況下，大家可以以聊天的方式，交換經驗、相互安慰，其療治悲傷的輔導效果，恐怕要比專業人員的說教式輔導，來得自然而有效。不過，有些悲傷輔導，還是要以個別的方式進行，例如在醫院的安寧病房，只能針對病患或其家屬，不拘形式的進行哀傷輔導；在殯儀館的悲傷輔導室，也不可能集合幾十人，就共同的悲傷問題進行輔導。

（四）悲傷輔導的人員

　　悲傷輔導的人員，在醫院的安寧病房，可由受過專業訓練的心理師、神職人員、志工人員……等，不拘形式、場所，隨時因應病患或其家屬的需求，就生死問題予以開導、啟示，藉此沖淡其失落的悲傷。但是，如果臨終病患已死亡，而其屍體已搬移至殯儀館，則其喪親家屬的悲傷輔導，得由殯儀館的禮儀師負責開導，協助其破除對死亡的恐懼、對死者遺體的畏怯。至於一般的悲傷輔導，當事人可就自己的信仰，請求神職人員（如牧師、神父、法師）開導，協助解決心中的生死困惑；或就近赴醫院門診，請求精神科醫師或心理師，實施臨床輔導。

（五）悲傷輔導的原則

　　悲傷輔導的原則，迄今仍無一致的見解，依筆者的淺見，專業人員在對失落者，實施悲傷輔導時，應力行以下原則：

1. 友好原則：專業人員與失落的悲傷者，向來不相識，也未曾見面，只因職責所在，專業人員必須接觸失落的悲傷者，協助失落的悲傷者脫離哀傷的困境，因此，專業人員必須以友好的態度，與失落的悲傷者（如面臨死亡的悲傷者及其失落的家屬、或喪親的悲傷者）見面談話，才能獲取失落的悲傷者的好感，願意敞開心胸接受輔導。

2. 關懷原則：專業人員與失落的悲傷者，雖然素昧平生，鮮少來往，但專業人員與失落的悲傷者見面後，應摒除隔閡，主動與悲傷者交談，詢問平日的生活狀況，關心其切身的痛苦，隨時伸出援手協助。對於面臨死亡的安寧照護者，尤須關懷其病痛，瞭解其對即將死亡的感受，隨時給予身心靈方面的照顧與協助，使其能安詳面對自己的未來。而對於即將失去親人的家屬，也應斟酌情形，隨時給予必要的輔導，以消除其憂鬱；至於喪親的失落者，雖然尚未能忘卻喪親之痛，但專業人員仍應引導其將情感從逝者身上移開，重新投注於未來的生活，並不斷的給予友誼上的關懷。

3. 同情原則：在人生的旅途上，生、老、病、死是一件很平常的事，但是大家都不願碰見病與死的際遇，偏偏失落的悲傷者，不是罹患絕症、面臨死亡，即是失去親人、面臨失落，其處境著實令人同情。專業人員雖然尚未碰見病與死的運命，但很難保證不會有此不幸；故在實施悲傷輔導時，應具同情心，憐憫悲傷者的失落際遇，以最熱忱的態度為其協助、服務。

4. 尊重原則：失落的悲傷者，在人生最絕望、最痛苦的時候，難免會情緒失控，在專業人員面前發洩自己不滿的情感，埋怨上天不公，譴責上天為什麼偏偏將霉運降臨在好人身上，讓他（她）遭受病魔的糾纏、死亡的威脅或喪親的悲痛。遇此情況，專業人員應尊重其情感的反映，心平氣和的伸出手，輕輕的拍其肩膀，給予支持及慰藉，並鼓勵其看淡生死、面對自己的生死，瞭解人生終難免一死的灑脫，減低失落、悲傷的氣氛。

5. 協助原則：專業人員不是萬能的神，沒有辦法救活人的命、治好人的病，他（她）只能站在協助者的立場，幫助面臨死亡的安寧療護者，解開生死的困惑；幫助即將失去親人的家屬，擺脫失落的悲傷；幫助喪親的失落者，重新適應沒有逝者的生活，他（她）是悲傷輔導的服務者。

（六）悲傷輔導的方法與技術

悲傷輔導，沒有一定的程序，也沒有一定的方法與技術，所謂「運用之妙，全在於心」，專業人員只要能斟酌個別情況，隨機因應即可。

1. 見面、寒暄、交談：專業人員為實施悲傷輔導，首先，必須與失落的悲傷者，見面、寒暄、交談，而後才能進入情況，這是最重要的第一關卡，不能通過，即無法展開心理的輔導工作。

2. 傾聽失落者的情感反映：當失落的悲傷者，與專業人員熟悉後，自然會主動流露情感反映，告知自己在這段失落期間的心理感受，對死亡的態度，甚至還會情不自禁的抱怨或哭泣，遇此情況，專業人員只能傾聽、接納或支持，不能批評其是非，或表示自己的看法，當失落者不滿或怨恨的情緒發洩完畢後，專業人員才能趁機予以開導，並協助其擺脫悲傷的陰影。

3. 引導失落者看淡生死：失落者在遭遇不幸的際遇，面臨生命即將終結的階段，最怕的是死亡，最不敢面對的也是死亡；死亡的恐懼、死亡的陰影、死亡的慘狀，一直纏繞在失落者的腦海，令失落者夜難成眠、日難心安，終日憂愁滿面，擔心末日的來臨。對於如此不能看開人生的失落者，專業人員必須費心幫助失落者瞭解人生終難免一死的事實，引導其看淡生死，勇於面對自己未來的死亡。

4. 協助失落者從喪親的陰影中活下來：喪親的失落，是最令人心痛的，很多人只因為失去父母、老伴或子女，哭得死去活來，悲傷得連自己都想死，吃也吃不下，睡也睡不好，整日以淚洗臉，臉容憔悴得又枯又瘦，令人十分同情。喪親的失落，固然叫人悲傷，但總得為自己和家庭的延續活下去，所以，遇此案例，專業人員應協助失落的悲傷者，從喪親的陰影中跳脫出來，堅強的活下去。

5. 引導失落者面對自己的未來：失落的悲傷者，雖然經歷一陣子的喪親之痛，但是，在專業人員的關懷、指引之下，終於體會到長久的哀傷、思念已逝去的親人，究竟無濟於事，必須將情感從逝者身上轉移，擺脫喪親的陰影勇敢的活下去。只有全力投注於新的生活，未來的人生才有希望，況且，今日親人雖然先我而逝，明日說不定輪到自己死滅，畢竟任何人最終總難免一死，死有什麼可怕？於是，失落的悲傷者，在專業人員的生死問題指導下，終於綻開笑容，堅強的面對自己的未來。

✠ 附 註

【註 1】 引自尉遲淦主編，生死學概論(2000/3)，五南圖書公司出版，第 118 頁至第 122 頁。

【註 2】 參考自傅偉勳著，死亡的尊嚴與生命的尊嚴(2000/1)，正中書局印行，第 47 頁至第 60 頁。

【註 3】 引自李開敏等譯，悲傷輔導與悲傷治療(2002/7)，心理出版社出版，第 8 頁。

【註 4】 引自註 3 前揭書，第 12 頁至第 15 頁。

【註 5】 引自註 3 前揭書，第 15 頁至第 17 頁。

【註 6】 引自林綺雲主編，生死學(2000/7)，洪葉出版社發行第 341 頁。

【註 7】 引自註 3 前揭書，第 18 頁至第 21 頁。

【註 8】 參考自註 3 前揭書，第 60 頁。

第 6 章

認識生死與死亡教育

第一節　認識生死

第二節　死亡教育

第一節 ☾ 認識生死

　　宇宙間的生物，種類繁多，數量驚人，我們姑且不論其生命長短如何，牠們都有生、也有死，有死、也有生，生生死死，永不滅絕。我們人類，也是生物的一種，據說人類是由猿猴類的動物進化而成，猿猴類的動物有生有死，人類當然也有生、也有死，這生死死生的問題，始終帶給人類許多困擾。

一、人的生命從何處來

　　人的生命從何處來？正確的答案是：從人的精卵結合而來。可是，從過去到現在，一直都有下列種種不同的說法：

（一）上帝創造說

　　在過去，民智尚未開明的時候，一般信仰基督教（又稱耶穌教）的教徒，都深信上帝創造了宇宙天地，也創造了人類的祖先——亞當與夏娃，並賦予男女的生命，使其代代繁衍，永不滅絕，而人類的生命得以永續生存，故人的生命，來自於上帝的創造。惟這種說法，很難令人贊同與相信，如上帝果真創造了亞當與夏娃兩個不同個體、不同性別的生命？又人的生命果真來自於上帝的創造？由於上帝創造說，有些神話化，甚難令人採信。

（二）投胎轉世說

　　佛教生死觀，認為人的生命，來自於投胎轉世。依據佛教的說法，當一個人的肉體死亡後，其軀體內的靈魂，即脫離肉體，飄浮於肉體四周，戀戀不捨，俟屍體入殮後，旋即化作「中陰身」，急急尋覓投胎的宿主，一旦尋獲中意的宿主，即趁男女交媾、作愛時，投身女宿主子宮內，於是，中陰身便在此刻投胎轉世，產生了子代的新生命，這就是佛教的投胎轉世說。惟人的生命果真來自於投胎轉世？又人死後果真有靈

魂脫離肉體之事？而中陰身又是什麼？為何看不見、摸不著？凡此種種，因缺乏科學的驗證，很難令人贊同與相信。

（三）自然發生說

自然發生說，認為人類的生命，來自於自然發生；當自然界有了生物現象，便也有了人類的生命，因為，人這種屬於猿猴類的動物，也是生物的一種；持自然發生說者，多係古希臘時代的哲學家，例如塔力斯(Thales)認為一切生物起源於水，人的生命也不例外。而亞那西曼德(Anaximander)則認為人的生命來自於一種浮於海面與魚類相似的動物，蛻化演變而成。惟這些說法，純粹是一種臆測、推想，缺乏科學的驗證，很難令人採信；譬如人的生命果真與其他生物一樣，起源於水？又人的生命起源於何時？由何種動物蛻化演變而成？因未加具體的說明與舉證，令人十分困惑。【註 1】

（四）生物發生說

生物發生說，認為一切有生命的生物，皆由原始的生物所生，絕無自然發生之例，譬如魚生魚、蝦生蝦、貓生貓、狗生狗，是天經地義的事，絕不會演變成魚生蟹、狗生鴨……等不倫不類的生物。生物發生說，雖然較為可信，但並未提示生物有雌雄之別，下一代的生物係由雌雄兩性的原始生物，經由交配所成，因此，仍留下一些迷惑。【註 2】

（五）精卵結合說

精卵結合說，認為一切有生命的生物，皆有雌雄兩性之別，當雌雄兩性之同類生物相互交配後，雌性生物的卵即與雄性生物的精子相結合，待雌性生物的卵受精後，子代的生物生命，即開始生長發育，而人的生命起源，也是如此。精卵結合說，較符科學精神，經驗證十分精確，是現時普遍廣獲採信的理論。

（六）人工複製說

　　人工複製說，認為人的子代生命，不必經由男女兩性個體的交媾與其精卵的結合，而可採用人工的精密科技複製而成。原來人工複製說，是主張採用男或女的體細胞核與去掉核的卵細胞質相結合，並促其細胞分裂，待人工培殖的胚胎形成，即植入女性子宮內，使其正常的發育，直至懷胎十月、分娩胎兒為止，這是人工複製子代生命的科技方法。人工複製人類子代生命的科技，雖可複製與體細胞核相同性別的優質生命，但不為法律所允許，且迄今醫學科技者所試驗複製的牛、羊、貓、豬……等子代的動物，都呈現體質或生命上的缺陷，像轟動全球的複製羊——桃莉，最後也難逃安樂死的命運。以人工的科技方式，複製人類的胚胎、人類的子代生命，雖非不可能，但冒險性很大，故若干國家只允許以複製人類胚胎，供醫學研究之用，而禁止複製人。【註3】

196

二、人的生命為什麼會死亡

　　人的生命，無法永生不死、永恆不滅。人為什麼會死呢？以下有種種的說法：

（一）蒙主寵召說

　　信仰耶穌教的教徒，認為教友的死亡，是蒙主寵召，回到主耶穌的身邊，安息在主耶穌的懷抱，故喪家並沒有嚎哭的舉動，也沒有披麻帶孝的禮俗，只有禱告、唸聖經、參與安息禮拜的教會活動。人的死亡，果真如耶穌教所說的蒙主寵召？由於此說略帶神話化，甚難令人信服。

（二）壽終福盡說

　　佛教的生死論，認為眾生的死亡，是因為壽終或福盡。壽終是指任何一個凡夫俗子，只要活到老邁、體弱，便自然會死亡（姑且不論其歲數多寡），這便是因壽終而死亡的果報。福盡是指一個年高德劭者，享盡

人間多子多孫、生活無虞之福而自然死亡。壽終福盡是佛教所強調的最完美的生命歸宿，也是眾生死亡的緣因。

（三）器官敗壞說

器官敗壞說，認為人體內的某些重要器官，如心臟、肺臟、腎臟、肝臟……等等，一旦發生病變、敗壞，便足以導致生命的死亡。的確，在醫學技術尚無突破的落後時代，一個人如果罹患了器官病變、敗壞的重病，便等於被宣判死刑；而現在，醫學科技已有突破性的進展，人體內器官的病變、敗壞，已可藉助器官的移植，挽回病患的生命。

（四）嚴重傷病說

嚴重傷病說，認為凡受重傷、或染上重疾、或罹患不治之症，均有導致死亡之可能；惟迄今除了癌症末期之病症，難以治癒外，其他重傷、重疾，尚可藉精密的臨床醫技以及高效能的特效藥，挽救病患者的生命。

（五）腦幹壞死說

腦幹壞死說，認為病人只要腦死，便可判定死亡，而不必浪費醫藥資源，對已死的病人作無用的急救。腦，是主宰生命的神經中樞，腦幹一壞死，整個人的神經運作便中斷，呼吸、心跳、血液循環便逐漸的休止，這是現時判定人體死亡的基準。

三、人死後是否有靈魂出竅

無論耶穌教、伊斯蘭教、佛教、道教……等的信徒，都相信人體內有靈魂寄宿，靈魂是一個人隱藏體內的氣魄與精神。當人體死亡後，靈魂即由七竅（包括兩耳、兩眼、一口、兩鼻孔）竄出，飄浮於屍體周圍，戀戀不捨，孤獨無依。靈魂，曾有不少中外學者，投入心力研究，惟迄今仍無定論。

197

四、人死後靈魂往何處去

人死後，其屍體不是土葬、就是火葬；惟現在又流行所謂海葬、花葬、壁葬與樹葬。假若人死後，果真有靈魂，靈魂往何處去？

（一）天堂與地獄

信仰耶穌教的人，都知道，人死後，其靈魂不是上天堂，就是下地獄。凡終生堅信基督，遵從教義，奉行禮拜，懺悔改過，祈禱修身，虔誠贖罪的信徒，死後其靈魂必上天堂，與神同在。而終生為害人群，作惡多端，違背上帝意旨者，死後其靈魂必下地獄，永無見天之日。

（二）輪迴六道

佛教的生死觀，強調人死後，其靈魂即化作中陰身，而依其生前之業力，輪迴六道；其六道，即天（極樂世界）、人（投胎轉世）、阿修羅、畜生（轉生為牛、羊、豬、馬……）、餓鬼、地獄。人死後，是否有輪迴六道之運命？又人死後，是否仍有來生來世？任誰，也不敢斷言。

第二節 ☾ 死亡教育

二十一世紀以來，雖然資訊科技飛躍進步、大放光明，人人都會操作電腦、建立資訊，但是，卻不十分關心生死的大事。因此，人人不談論生死、不正視生死、不思索生死，卻又無法擺脫死亡的恐懼；殊不知認識生死，才能珍惜生命、避免死亡；談論生死，才能增廣死亡知識、豐富自己的人生；正視生死，才能提升生命勇氣、減低死亡懼怕；看淡生死，才能夜夜美夢，享受美好人生；超脫生死，才能無憂無慮，不知老之將至，而這些理念的灌輸，便是死亡教育的任務，什麼是死亡教育？死亡教育與生命教育、生死教育是否相同？死亡教育的目的何在？以下我們一一來探討：

一、死亡教育的意義

　　死亡教育，不能望文生義而誤解為是一種教授如何死亡或為何死亡的課程，或者誤解為是一種探討死亡過程，計畫快速死亡的學程。相反的，死亡教育，不但不鼓勵人們如何死亡，而且，直接的或間接的以媒體或講演的方法，讓人知道瀕死或死亡的痛苦，勸人不要輕視生命，任意自尋短見。因此，死亡教育的意義，有人認為：它是一種談論與死亡有關的議題的教育學程；也有人認為：死亡教育，是一種探討瀕死與死亡過程，並談論如何處理喪葬習俗的學科。

　　而前臺北護理健康大學曾煥棠教授，則援引摩根(Morgan J. D.)的死亡教育三個層面理論，認為死亡教育在於：

1. 教導人們要有死亡準備的策略。

2. 提供給那些會實際或可能受到死亡影響者處理的策略。

3. 探討死亡意義、死亡態度、處理死亡方式的學科。【註 4】

　　但前嘉義大學陳芳玲教授對於死亡教育的意義，則有如下的獨到見解：

　　死亡教育應可以被界定為：是一門以死亡相關的現象、思想、情感及行為為主題，探究如何學習與教學的學科；其重點在學習者如何學習及教學者如何教，與 Corr 等人所主張「與死亡相關(Death-related)議題的教育」稱為死亡教育的觀點相容。【註 5】

　　總之，死亡教育的意義，迄今尚無一致的定論，依筆者的淺見，若是將死亡教育，視為一門課程或是學科，則死亡教育的意義應該是一門探討瀕死或死亡有關問題的學科，其內容包括瀕死者的悲傷理論、悲傷輔導、臨終關懷、死亡的現象、死亡的喪葬處理……等等。但是，假若將死亡教育，視為一種教育歷程，則死亡教育的意義，應該是一種以媒

體、資訊或演講的方法,讓人瞭解死亡有關的問題,增進死亡的知識,進而建立樂觀、進取、奮鬥的人生觀的教育歷程。其內容甚為廣泛,凡生活上涉及的死亡議題,如自殺、死刑、安樂死、喪葬問題……等等均包括在內。

二、死亡教育與生死教育、生命教育

死亡教育、生死教育、生命教育,三者之間,有認為相同者,也有認為不相同者,但卻說不出相同與不相同之處,即使能說出一二,也是似是而非,令人不敢贊同。其實死亡教育與生死教育、生命教育之間,有相同之處,也有不相同之處,茲分述如下:

(一)相同之處

死亡教育與生死教育、生命教育相同之處,有以下四項:

1. 同是一種生命的教育學程。

2. 同是探討生命歷程的生死問題的人生教育。

3. 同是以媒體、資訊、講演等的方法,傳授生命的生死議題的教育歷程。

4. 同是勸人珍惜生命、把握人生、消除抑鬱自殺、創造美好前程的一種生死教育。

(二)不相同之處

死亡教育與生死教育、生命教育,除了課程的名稱、內容、範圍之廣狹不同之外,尚有以下二項不同:

1. 對生命歷程的生死教育，三者著重點不同：

　　死亡教育著重生命最後階段的死亡議題的教育，兼及生命價值的指導；生死教育著重整個生命階段，由生到死、由死再生的生死議題的教育，兼及生命價值的指導；而生命教育則著重現階段生活目標及人生價值的教育，兼及死亡問題的指導。

2. 學科源起及適合國情的不同：

　　死亡教育，源自於美國，是美國的教育課程之一。生死教育，是將引進國內的死亡教育，經脫胎換骨的過程，改變新面貌而成；而生命教育，則是由國內教育當局，經過慎思熟慮，避免「死亡」對學生的心理造成不良的影響，乃命名為生命教育，以代替死亡教育或生死教育。

三、死亡教育的目的

　　死亡教育，既然是一門指導受教者瞭解死亡知識的學程，則其學程的教育目的，雖然迄今見仁見智，各有歧見，但仍脫離不了死亡議題的指導與瞭解，因此，死亡教育的目的，依個人的淺見，不外以下幾項：

（一）使其瞭解死亡的定律

　　宇宙的生物，有生命的出生、成長、繁殖與死亡的第一代生命過程，以及子代生命的出生、成長、繁殖、與老化、死亡的第二代生命過程；如此繼續不斷的繁殖，生物乃大量遽增，充塞整個宇宙空間；但是，生物也會大量老化、死亡，這便是宇宙的自然定律。人類既然也是生物的一種，則自然有生命的出生與生命的死亡，一樣受著自然定律的操控與支配。因此，任誰也避免不了死亡，逃脫不了死亡，既然如此，身為人類的我們，自當愛惜自己的生命，毋須自暴自棄，懼怕死亡，畏怯死亡，擔心死亡，一生被死亡的陰影所籠罩，而缺乏生活的勇氣。這是死亡教育的目的之一。

（二）使其認識死亡的現象

宇宙生物的死亡現象，有的較為單純，有的較為複雜。前者如植物類的樹木，其死亡現象，只是葉落、樹枯、失去光合作用而已；而動物類的螞蟻、蜜蜂、蚱蜢、蝴蝶……等昆蟲的死亡現象，只是呈現蟲體僵硬，失去活動能力而已，也許牠們的呼吸作用也隨著休止，只因為從事昆蟲死亡現象研究的學者，向來不多，也不易驗證，所以人類所能知道的極為有限；至於後者，如人類的死亡現象，除了肢體僵硬、冰涼外，呼吸作用、心臟跳動、血液循環、脈搏跳動、神經傳導、記識能力、視覺功能、膚覺感應、活動本能……等等功能，皆已呈現停止狀態。因此，最先的死亡定義，是凡呼吸、心跳、血液循環、脈搏皆停止的現象，則認定為死亡。其後，由於醫學的不斷精進，死亡定義又有了新發展，即凡不可逆的腦昏迷或腦死，才得以判定為死亡【註6】。

而且，判定為腦死，尚有一定的標準，例如：

1. 深沉的昏迷。

2. 自發性呼吸消失。

3. 瞳孔固定。

4. 反射動作消失。

5. 腦電波平坦。【註7】

人類的死亡，既然任誰也擺脫不了、逃避不了，則身為萬物之靈的我們，在有生之年，理當體會生命的意義，把握生活的目標，提升生命的價值，奮發向上，不畏怯死亡、不擔心生命之短暫，為自己的人生理想，奮鬥到底，死而後已。

（三）使其學習遺囑的撰寫

人類的生命，從出生、成長……到老邁、死亡，最長也不過百年之多，像日本最長壽、活得最久的金婆、銀婆，也不過活到一百多歲，便雙雙與世長辭、永離人間。可見人的壽命再怎麼長，生命力再怎麼堅韌，最後還是難逃一死，不能例外。人類的生命，既然都無法避免死亡的運命，那麼，我們在生命不斷成長、老化的時候，自然應該規畫人生，擬定生涯計畫；同時，也應該計畫死亡，為自己未來的死亡，擬妥遺囑，交代後事，譬如死後遺體的處理（包括捐贈器官、捐贈遺體、屍體火化、遺體土葬、骨灰海葬、骨灰樹葬、骨灰花葬、骨灰存塔……等等）、遺產的分配（包括遺產捐贈）……等，務必交代清楚，公正無私，以免後代子孫有所爭議。遺囑，並沒有一定的格式，也不一定面臨死亡時刻，才匆匆草擬。舉凡學習生死學或死亡教育課程的研習者，都應該學習預立遺囑。

203

（四）使其知道喪葬的禮俗

喪葬的禮俗，是指喪家對於死亡的親屬，為表示悲傷哀悼，依地方的習俗，所舉行的種種治喪儀式或追悼活動。所謂「生，事之以禮；死，葬之以禮、祭之以禮」，人的生命死亡了，總不能將其屍體，草草埋葬了事，而是應該依照地方的習俗，辦理喪事，葬之以禮、祭之以禮，使死亡者含笑瞑目，安息於極樂世界。喪事，依一般的習俗，如果是父喪，則在大門上以白紙黑字貼上「嚴制」兩字；如果是母喪，則在大門上以白紙黑字貼上「慈制」兩字，其他直系尊親屬或卑親屬的喪事，則可省略。其次，死亡者的壽終日期、享年歲數、出殯日期、時間、地點以及家族（或治喪委員）、一生事蹟及貢獻……等等，應制作訃聞，分寄有關親戚朋友、長官同僚，使其知情並能準時參加家祭或公祭。至於死者屍體的處理，也應該依照一般的習俗，先淨身、換壽衣、祭拜、入

殮,而後舉行家祭或公祭的殯葬典禮。儀式完畢,其死者的屍體,即移至火化場火化,或移至墓地土葬。總之,喪葬的禮俗,常因國家的文化與宗教的信仰,而有所不同,必須概括瞭解。

(五)使其面對自己的未來

人類的未來,可能已有複製胚胎、複製生命、複製人類的高科技新方法,但是生命的生、老、病、死,仍舊無法有效的控制,死亡仍舊困擾著人類的情緒。換句話說,未來的時代,雖然可以藉助高科技的新方法,延長人類的生命,但是仍然無法突破死亡的界線,讓人永生不死、永恆不滅。因此,死亡既然任誰也無法避免、無法逃脫,我們在瞭解死亡有關的知識後,理應勇敢的、不畏怯的面對自己的未來,這是死亡教育的最後目的。

四、死亡教育的內容

死亡教育的內容,在美國,各學者間仍然見仁見智,各持己見;而在國內,學者間也同樣出現不同的主張,茲引述幾位學者的意見;

(一)張淑美教授的主張

高雄師範大學教授張淑美博士,綜合中、美多位學者的意見,認為死亡教育的內容,應包含下列五項題綱及重點:

1. 死亡的本質及意義:
   (1) 哲學、倫理及宗教對死亡及瀕死的觀點。
   (2) 死亡的醫學、心理、社會及法律上的定義。
   (3) 生命的過程及循環──老化的過程。
   (4) 死亡的禁忌。
   (5) 死亡的泛文化之比較。

2. 對死亡及瀕死的態度：

(1) 兒童、青少年及成年人對死亡的態度。

(2) 兒童生命概念的發展。

(3) 性別角色和死亡。

(4) 瞭解及照顧垂死的親友。

(5) 死別及哀悼。

(6) 文學及藝術中的死亡描寫。

(7) 為死亡預作準備。

(8) 寡婦、鰥夫和孤兒的心理調適。

3. 對死亡及瀕死的處理及調適：

(1) 對兒童解釋死亡。

(2) 與病重親友間的溝通與照護──對親友的安慰方式、安寧照顧的瞭解。

(3) 器官的捐贈與移植。

(4) 有關死亡的實務──遺體處理方式、殯儀館的角色及功能、葬禮的儀式和選擇、喪事的費用等。

(5) 和死亡有關的法律問題──遺囑、繼承權、健康保險。

(6) 生活型態和死亡型態的關係。

4. 特殊問題的探討：

(1) 自殺及自毀行為。

(2) 安樂死。

(3) 意外死亡──暴力行為。

5. 有關死亡教育的實施：

(1) 死亡教育的發展及其教材教法的研究。

(2) 死亡教育的課程發展與評鑑。

(3) 死亡教育的研究與應用。【註 8】

（二）陳芳玲教授引述的課程建議

前嘉義大學教授陳芳玲博士，援引愛迪(Eddy)等幾位學者，針對從事死亡和瀕死研究的四十位專家，就「死亡教育的專業訓練課程，應該包含哪些具體範圍」進行調查，並根據研究的結果，提出以下幾項適用於教師的死亡教育課程內容：

1. 最重要主題：
   (1) 瞭解瀕死親友的需要。
   (2) 瞭解死亡的意義。
   (3) 死別和哀悼。
   (4) 向兒童解釋死亡。
   (5) 為死亡預作準備。

2. 次要主題：
   (1) 死亡教育的教法教材。
   (2) 死亡的定義和原因。
   (3) 死亡的泛文化觀點。
   (4) 死亡教育的課程發展。
   (5) 死亡的宗教觀。
   (6) 死亡的法律觀。
   (7) 安樂死。
   (8) 生命週期。
   (9) 自殺（社會心理學方面）。
   (10) 老化（社會心理學方面）。
   (11) 殯儀館的角色及功能。
   (12) 老化的過程（生物學方面）。
   (13) 對親友的弔慰方式。

(14) 自殺（治療方式）。

(15) 殯葬費用。

3. 如果時間足夠，可以將下列的課程納入：

(1) 器官捐贈和移植。

(2) 死亡及瀕死的歷程。

(3) 傳統喪葬的變遷。

(4) 追悼儀式。

(5) 兒童文學中對死亡的描述。

(6) 火葬。

(7) 屍體防腐法。

4. 較不重要的第四類課程：

(1) 文學和藝術中的死亡描繪。

(2) 屍體冷凍處理。

(3) 嗜屍症。

(4) 暴力。【註 9】

（三）筆者的淺見

　　筆者既不是課程專家，也不是死亡學、死亡教育的著名學者。只因對國內大學院校剛剛興起的「生死學」課程，感到好奇又興趣濃厚，才大膽的嘗試撰寫這本有關生死學方面的著作。依據筆者的研究，死亡教育的內容，可包含下列幾個大綱：

1. 死亡的定義：

(1) 一般性的死亡定義：生命已終結。

(2) 哲學上的死亡定義：存在體的生命已消逝、不存在。

(3) 醫學上的死亡定義：病患經診斷已認定腦死。

(4) 心理學上的死亡定義：有機體失去感覺、知覺、記憶、想像、思考、理解……等認知能力，以及失去動作技能、生理功能……等現象。

(5) 法律學上的死亡定義：權利義務的主體，已喪失了生命、身體、自由、財產、名譽及人格、身分……等法律上所保障的權益。

(6) 社會學上的死亡定義：個體已失去社會關係、角色行為、溝通能力、依附情感……等現象。

(7) 倫理學上的死亡定義：已失去可敬、可愛的親人。

(8) 宗教上的死亡定義：佛教上稱死亡為「圓寂」。耶穌教稱死亡為「安息」，均係象徵性的定義。

2. 生命的死亡：

(1) 死亡的過程：瀕死、昏迷、彌留狀態、死亡。

(2) 死亡的現象：呼吸停止、心跳停止、脈跳停止、血液循環停止、神經傳導停止、記識能力失去、視覺功能失去、膚覺反應失去、活動本能失去、肢體冰涼而僵硬。

(3) 死亡的判準：腦電波呈平直線（已腦死）、呼吸停止、瞳孔固定、反射動作消失、昏迷不醒。

(4) 死亡的處理：淨身、更衣、搬運屍體（運送至殯儀館）、入殮、祭拜、出殯。

(5) 悲傷的輔導：對死者家屬的哀傷輔導。

3. 死亡議題的探討：

(1) 死亡的原因：自然的死亡、人為的死亡、意外的死亡、疾病的死亡等四種類型的探討。

(2) 安樂死：贊成與反對意見的探討。

(3) 墮胎：法律方面的規定。兼及宗教、倫理道德方面的評論。

(4) 器官捐贈與移植：法律方面的規定。

(5) 植物人：是否可判定死亡或施以安樂死的探討。

(6) 代理孕母（又稱借腹生子）：從宗教、倫理道德、社會輿論、法律方面加以探討。

(7) 複製生命：從法律、醫學方面探討。

4. 死亡教育的實施：

(1) 死亡教育的意義：探討瀕死與死亡有關問題的學科。

(2) 死亡教育的目的：瞭解死亡的定律、認識死亡的現象、學習遺囑的撰寫、知道喪葬的禮俗、面對自己的未來。

(3) 死亡教育的範圍：瀕死的因應、臨終的關懷、遺囑的預立、死後的喪葬。

(4) 死亡教育的實施方法：影片觀賞、分組討論與報告、心得撰寫與考試、講解指導。

五、死亡教育的實施

　　死亡教育，如前所述，它是一種探討瀕死與死亡有關的問題的學程，同時，它也是一種以媒體、資訊或講演的方式，指導受教者瞭解死亡有關問題的教學歷程，因此，死亡教育的實施，得就教材的選擇與教法的運用，分別敘述如下：

（一）教材的選擇

　　「教材」，用通俗的話來講，就是學科的內容，或教學時所用的材料，例如教學生死學時，所用的生死學教科書，或發給學員的補充書面資料，以及供學員觀賞的影片……等等，都是教材的一種。死亡教育，在實施教學時，當然也需要使用教材，才能增進學員對死亡知識的瞭解，提高其教學效果。因此，教師在教學前，必須慎重選擇教材、準備教材，教學時才能從容鎮定，得心應手，左右逢源，達到教學上預期的目標。那麼，教師在教學前，該如何選擇適當的教材呢？

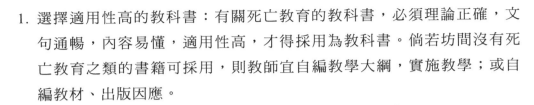

1. 選擇適用性高的教科書：有關死亡教育的教科書，必須理論正確，文句通暢，內容易懂，適用性高，才得採用為教科書。倘若坊間沒有死亡教育之類的書籍可採用，則教師宜自編教學大綱，實施教學；或自編教材、出版因應。

2. 選擇補充書面資料：新聞、雜誌、書籍中，有關死亡教育之類之論文，在不侵犯他人著作權原則下，得影印書面資料，提供學員研閱。

3. 選擇富教育價值的錄影帶、影片：凡有與死亡教育內容相類似的錄影帶、VCD、DVD 等影片，可利用視聽教室的電視設備，放映給學員觀賞，以增進死亡教育有關的知識。

4. 選擇或自製投影資料：選擇有關死亡教育內容的教材，利用投影片自製投影資料，於教學時間運用投影機放映，將資料片的文字、圖表、清楚的呈現在白色布幕上，以利學員之學習、教師之教學。

5. 選擇有參考價值的相關書籍：除了採用教科書作為實施死亡教育課程的教學外，教師仍應選擇有參考價值的相關書籍，指定學員購買，並利用課餘或閒暇時間研閱。

（二）教法的運用

實施死亡教育課程的教學時，教師應靈活運用教學方法，以提高學員的學習興趣，增進學習的效果。為了有效達成課程的單元目標，通常實施死亡教育課程的單元教學時，得交互運用下列的教學方法：

1. 講演法的運用：講演法的教學，其方式是由教師運用通俗的語言講解，學員靜聽或記錄重點，此法雖然以教師為本位，只有教師的教學活動，沒有學員的自動學習機會，但是，教師如果善於教學、長於辭令，而且能運用投影機，投射單元教材內容於講臺後的白色布幕，相互搭配講演，或者能與觀察法、問題法、發表法交互運用，則教學效果當能提升。

2. 觀察法的運用：觀察法的教學，其方式是由教師運用電視、電影、投影、參觀……等方法，使學員由視覺感官的知覺作用，獲得正確的知識。死亡教育的教學活動，若是一味運用講演法，而缺乏其他方法的交互運用，學員對於學習活動，將感索然無味、疲勞困頓，故宜採用電視、電影……等教學活動，讓學員以直接觀賞影片的方式，去從事死亡教育的學習活動。

3. 問題法的運用：問題法的教學，其方式是由教師就死亡教育有關問題，設定幾個討論研究題綱，讓學員透過電視、電影的觀察學習活動，去探求正確的答案。或者採用分組討論的方式，將學員予以分組，並指定討論問題，而後由各組推派代表，上臺報告心得。

4. 發表法的運用：發表法的教學，其方式是由教師就死亡教育有關問題，設定幾個研究問題，由學員利用課餘閒暇時間，撰寫論文或心得報告，如期繳卷，並於教學時間自動提出口頭報告，或由教師指名發表心得或意見。

✠ 附 註

【註 1】　參考自王克先著，發展心理學新論(1975/4)，正中書局發行，第 29 頁及第 30 頁。

【註 2】　參考自註 1 前揭書，第 31 頁第 32 頁。

【註 3】　美國眾議院已通過禁止複製人類法。

【註 4】　摘錄自林綺雲主編，生死學(2000/7)，洪葉出版社發行，第 43 頁。

【註 5】　摘錄自尉遲淦主編，生死學概論(2000/3)，五南圖書公司出版，第 66 頁。

【註 6】　引自註 5 前揭書，第 9 頁。

【註 7】　引自註 5 前揭書，第 9 頁。

【註 8】　摘錄自註 5 揭書，第 69 頁及第 70 頁。

【註 9】　摘錄自註 5 揭書，第 70 頁及第 71 頁。

第 **7** 章

喪葬禮俗與殯葬管理

第一節　喪葬禮俗

第二節　殯葬管理

INTRODUCTION TO LIFE–AND–DEATH STUDIES

第一節 ◖ 喪葬禮俗

　　人，包括我的生命、我的肉體在內，好比都是宇宙舞臺上的旅客；從造物者創造出有生命、有形體的我開始，便風塵僕僕的趕著路，鞭策著自己的惰性，一邊成長，一邊累積智慧與經驗；當步伐慢了，肢體老化了，旅途的終點——死亡，也跟著展現在眼前。人老了（死亡），總該有個埋葬的儀式，送別的場面，讓老去的人有不虛此行的榮譽感，有滿載溫馨的歸宿感，這便是本節所要探討的喪葬禮俗。

一、喪葬禮俗的意義

　　我中華民國，從古時的周朝開始，便積極提倡「冠、婚、喪、祭」四種禮俗，但是，到了春秋時代，孔子卻特別偏重喪葬、祭祀的禮儀，因此，有所謂：「生，事之以禮，死，葬之以禮，祭之以禮」之說。

　　什麼是喪葬禮俗呢？先說喪葬兩字的含義，喪是指死亡的意思，譬如辦理死者的後事，叫做喪事。葬是指掩埋的意思，譬如將屍體埋入地下，稱為埋葬，所以，喪葬是指死亡和埋葬，凡是將死亡者，依照民間的習俗，治理喪事，並入殮出殯者，稱之為「喪葬」。什麼是禮俗呢？禮俗是指社會上所流傳下來的禮儀和風俗，譬如結婚有結婚的禮儀，祭祀有祭祀的禮儀，喪葬有喪葬的風俗與禮儀，因此，所謂喪葬禮俗，是由古時候流傳下來，或由外國模仿進來的有關治喪、出殯的禮儀、風俗與獨特的文化。

二、喪葬禮俗的功能

　　喪葬禮俗，是社會公認的最具家庭倫理精神的一種慎終、追悼的民俗與風俗，其所以能代代相傳、歷久不斷，乃是因為喪葬禮俗，具有以下的功能：

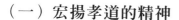

（一）宏揚孝道的精神

　　我國人民，自古以來，即崇尚孝道，譬如在昔日，遇有父喪或母喪之噩耗，其子女不但須依民間禮俗，厚喪隆葬，還須於墓旁搭棚守孝三年，方得卸下喪服。時至今日，雖然古時之孝道精神，已漸式微，但喪葬禮俗的風氣，仍然有宏揚孝道之作用。

（二）延續喪葬的文化

　　中華民國有五千多年的歷史，同時也有五千多年的文化，文化常隨人民的生活習俗與國家的命脈、興衰而存續發展。文化有物質的與非物質的兩種，物質的如宮殿的建築、建築物的拱門、婦女穿著的旗袍、男人穿著的長袍、吃飯用的竹筷子……等等，非物質的如冠、婚、喪、祭等禮俗，都是文化的象徵。喪葬的禮俗，既然是文化的一種，則重視喪葬的禮俗，無異在延續喪葬文化。

215

（三）鞏固社會的關係

　　社會是人與人相互發生關係的生活場地；一個人在偌大的社會，要能隻身奮鬥、創立事業，沒有良好的社會關係，便失去友朋的助力，所以，社會關係的好壞，足以影響一個人在社會上的立足地位。喪葬的禮俗，雖然可以彰顯喪家的社會地位，但最重要的莫過於在鞏固喪家的社會關係。

（四）增強家族的團結

　　家族的成員，通常包括直系血親、旁系血親以及有關的姻親。在平日，由於家族的成員，分住不同的地區、不同的住所，且因工作忙碌，鮮少相聚一起，致親情有逐漸疏遠之態勢，有了喪葬儀式，可以促使家族成員相聚，鞏固已疏遠的感情，增強家族間的團結。

三、從前的喪葬禮俗

　　大約在西元一九五〇年前後，因為那時候的殯葬設施，如殯儀館、火葬場、納骨塔……等場所，尚不普遍；所以，民間的喪葬禮俗，大多沿襲古制，由喪家自行治喪、發訃聞、辦奠儀，而後出殯土葬。作者年少時，曾多次參與家族的喪葬活動，對於民間的喪葬禮俗稍有印象，茲就記憶所及，略述如下：

（一）壽終階段

　　當一個年邁的親人，從睡眠中昏迷不醒，並呈彌留狀態，被家人發覺後，立即為如下的緊急處置：

1. 搬動軀體：即將臨終或已壽終的死亡者軀體搬移至大廳，又稱為：搬鋪。依古制，男置大廳龍邊，女置大廳虎邊，唯現在已無此限制。

2. 遮蓋神龕：依照舊俗，家中有喪事，必須以米篩子遮蓋神龕與祖先靈位櫥，並將天公爐卸下。

3. 置腳尾爐：於壽終的死者腳尾處，置香火爐、腳尾飯及其他祭品，焚香祭拜。

4. 穿著喪服：由治喪家屬依各人與逝者的親等疏近，穿著喪服，依制服喪；凡父母之喪，其子女應穿著麻衣、草鞋，其餘親屬則穿著黑色喪服。

5. 汲水淨身：即由治喪家屬，依其輩分、次第列隊，牽著白繩，低頭啜泣，並由輩分較長者，引導至井邊，以水桶汲水，而後取回喪家大廳，由治喪家屬為死者淨身、更衣、修飾儀容。

6. 寄發訃聞：治喪家屬，經請教風水師選擇出殯吉日後，即著手草擬訃聞，委託印刷廠趕印，並於印刷完畢後，寄發給有關親友知情。

7. 服喪守靈：在屍體入殮前，治喪家屬須於夜晚，就死者身邊鋪上草蓆，臥地而眠，俾便服喪守靈。

（二）入殮階段

　　喪事發生後之第一階段治喪工作，經次第辦妥後，接著，將進入第二階段之入殮儀式：

1. 屍體入殮：在葬儀師的引導下，將死者的屍體置放於事先備置的靈柩中，並稍加修飾。

2. 瞻仰遺容：在葬儀師的引導下，所有喪亡者的親屬，均圍繞靈柩周圍，依序瞻仰死者的遺容，以留下最後、最難忘的印象於記憶中。

3. 蓋棺封釘：即蓋上棺木板，並封釘固牢。

（三）奠祭階段

　　死者屍體經入殮後，治喪家屬即著手於祭奠、出殯等瑣事之規劃與準備：

1. 空地搭棚：即由治喪家屬僱工在道路旁或空地處，搭設舉辦祭奠之棚架。

2. 布置奠場：即將長官、親友致送之輓聯、祭幛、花圈等，分別予以懸掛或擺放，使奠場呈現美觀、整齊與肅穆的氣氛；並將死者的遺像，懸掛於靈堂正中央，俾供家祭與公祭之用。

3. 舉行祭奠：依訃聞訂定的日期、時間，準時舉行祭奠儀式，由禮儀師主持之；並依親屬輩分，使其依序祭拜，協助朗誦祭文，製造悲傷氣氛，讓儀式在肅穆中進行；俟家祭完畢，即隨著舉辦公祭。

（四）出殯階段

　　祭奠儀式結束，隨即發引安葬。其出殯的程序，大致如下：

1. 列隊步行：由樂隊及手持童幡之童子列隊於前（靈柩在後）；而喪家有關的親屬，則依序手拉白繩，魚貫而行，邊走邊泣；至於喪家的其他遠親、好友，則隨其所願，送殯一程，而後各自返回。

2. 墓地停腳：出殯的隊伍，緩慢步行至墓地，乃停止腳步，站立於墓地旁邊；扛靈柩的工人，亦將靈柩停放於墓坑邊側，並由地理師——土公焚香祭拜土地公。

3. 移棺入土：即將死者靈柩搬移入土，喪家所有服喪的親屬，乃圍繞墓地一周，並象徵性的撒一把泥土於靈柩上，旋即由工人以圓鍬挖泥土掩埋。

4. 祭祀祈福：掩埋完畢，所有服喪的親屬，皆焚香祭拜墳墓中的死者，並為其祈福。古時雖有於墓園中，搭棚守孝三年之舉，唯二十世紀以來之文明古國——我中華民國，已無守墓三年之制。

四、現在的喪葬禮俗

現在的喪葬禮俗，因受宗教信仰的影響，以及殯儀館、火化場、納骨塔（堂）等殯葬設施普遍設立的衝擊，致有多元化發展之趨勢，茲依喪亡的處所、治喪的主體、祭典的儀式、出殯的方式……等等，分別略述之：

（一）喪亡的處所

從前，往生者的喪亡處所，大多在自家住宅的床鋪上；而現在，往生者的喪亡處所，除了一部分仍在自家的住宅內外；有一部分的往生者，在醫院內的病房病歿，且有直接搬運屍體至殯儀館者，也有搬運回自家住宅治喪者。另外，也有一部分的往生者，是死於非命，橫躺於道路、田野間，譬如因車禍死亡，因遭人殺害……等等，足見喪亡者的喪亡處所，已有多元化發展之趨勢。

（二）治喪的主體

　　從前，喪事的處理，大多由喪家的最近親屬規劃執行；而現在，因為殯儀館的普遍設立，許多喪家均將治喪一事委由殯儀館全權規劃；也有一些達官富商或社會名流之輩之逝世，則由其部屬或僚友成立治喪委員會治理喪事，因此，現在的治喪主體，有喪家、殯儀館、治喪委員會三者並存的趨勢。

（三）祭奠的儀式

　　祭奠的儀式，在過去是由喪家在住宅附近的空地或道路旁，先搭設祭奠會場的棚架，而後如期舉行的一種喪葬禮俗；在現在，雖然仍有不少喪家沿用過去的習俗，在路邊搭棚舉辦祭奠的儀式，但是因為殯儀館的普遍設立，許多喪家在趨簡避繁的心理訴求下，紛紛委由殯儀館代辦治喪事宜，因此，殯儀館的祭奠儀式，有基督教模式的，有佛教模式的，有道教模式的，紛歧不一，唯儀式的進行，均由所謂禮儀師主持與引導。另外，基督教教會，也為信徒的安息，舉辦追思告別禮拜活動，由牧師主持之，其內容不外有：安息者生平事蹟的陳述、默念追思、致懷念詞、唱聖詩歌、布道勵行、禱告感恩、瞻仰遺容……等等，不過，各教會所舉辦的追思告別禮拜的儀式內容，仍有所不同。至於佛教式的祭奠儀式，則僅在儀式中安排助念團的助念而已，其他與民間的祭典儀式大同小異。

（四）出殯的方式

　　在過去，祭奠的告別儀式舉辦完畢後，即由樂隊帶頭步行，後面緊跟著手持童幡的童子，以及喪家的親屬、遠親、朋友，其目的地是公墓；如果到達公墓的路途較遠，則以車代步。而現在，選擇土葬的喪家，不但在出殯時，以車代步，而且僱用電子琴車，車內的妙齡女郎穿著暴露，又唱又跳（甚至代替喪家哀號），製造刺耳噪音，並且妨害善良風俗。

（五）屍體的處理

在過去，喪家的出殯，是選擇土葬，無所謂屍體的處理問題。而現在，因火化場及納骨塔（堂）的設立很普遍，且經過政府機關的大力鼓吹，因此，許多喪家，紛紛選擇屍體火化，而將骨灰裝罐，掩埋公墓內，或存放於公私營納骨塔（堂）。最近，政府機關或熱心人士又在鼓吹實施骨灰樹葬、花葬、牆葬或海葬的措施。

五、喪葬禮俗的改革

從現在流傳民間的喪葬禮俗來看，有些部分的禮俗，雖然已逐漸符合現代化、合理化的要求；但是，仍有不少的流弊，急需大家的共識，共同合作，努力改善。

（一）提倡捐贈遺體的大愛義風

死者的遺體，若予以火化或土葬，殊為可惜，不能物盡其用，喪家若能捐贈死者遺體，供醫學研究之用；或捐贈屍體內可用之器官，供醫院病患移植器官之用，當可遺愛人間、造福無數病患。

（二）呼籲響應樹葬海葬的良俗

死者的遺體，若移至公墓土葬，難免占用墓地之面積；在現階段墳墓已呈擁擠的情況下，墓地實在不易求得，故最好的解決途徑，便是將遺體火化，將骨灰裝罐存放納骨塔，或響應政府的呼籲，將骨灰在公墓內樹葬（即埋入樹底下，做為樹木生長的護泥），或在規定的海域內海葬（即將骨灰灑在海面上），或在納骨牆區壁葬（即將骨灰罐置於設在牆上的納骨牆區），或在紀念花園內自然灑葬（即將骨灰灑在紀念花園中）。

（三）廢除雜亂老舊的公墓

　　公墓以綠化、美化、公園化、現代化，為環境維護的第一訴求；倘若，公墓內的墳墓東歪西斜、雜亂無序，或者公墓老舊、雜草叢生、乏人管理，則應廢除該公墓，令墓主將屍骨起掘，火化後將骨灰裝罐，存放於政府設立的納骨塔，由政府按骨灰罐數量酌予補助費用。

（四）祭奠禮儀師應具專業資格

　　現階段的祭奠禮儀，無論在殯儀館舉行，或在道路旁搭棚的祭奠場所舉行，都由禮儀師擔任司儀。禮儀師向來經驗豐富、工作熱忱，由其擔任司儀，掌控整個祭奠儀式的進行，應能勝任愉快。唯未來的禮儀師，除了應擔任出殯奠儀會場的司儀外，還應執行殯葬禮儀之規劃、殯殮葬會場之規劃、臨終關懷及悲傷輔導……等業務，責任重大，故應具專業資格，始得執行禮儀師的業務。

（五）改革喪葬禮俗的流弊

　　社會上流傳的喪葬禮俗，雖然已逐漸符合現代化的訴求，但是仍有不少的流弊急待改革，譬如治喪事太鋪張、太奢侈、太浪費，必須改革；路旁搭棚舉辦奠禮，妨害交通、妨害鄰居安寧，必須嚴格勸導；喪家出殯時，亂撒冥紙，妨害市容或道路的環境整潔，必須罰款；又電子琴車女郎穿著暴露、又唱又跳，妨害善良風俗，必須禁止；另外，公墓地濫葬、濫墾之缺乏公德行為，時有所聞，為維護墓地、墓園之觀瞻，應嚴格取締。

221

第二節 ◖ 殯葬管理

　　二十一世紀以來，民間的喪葬禮俗文化，雖然已朝向現代化、合理化、多元化、簡樸化的目標改善，但是殯葬管理方面仍然出現若干急待解決的問題，譬如殯葬設施的設置管理、殯葬設施的經營管理、殯葬服務業的管理及輔導、殯葬行為的管理……等等，於是，內政部乃著手研擬「殯葬管理條例」的法規以備因應，並於民國九十一年七月十七日由總統令公布，其後又於民國一〇六年六月十四日再公布修正之全文，共一百零五條，茲依其法規內容概述如下：

一、殯葬管理的意義

　　什麼是殯葬呢？殯葬一詞，依辭典上的解釋，是指將靈柩下葬的意思。可是，靈柩在下葬之前，常須舉辦殮、殯、奠、祭之儀式，因此，殯葬與喪葬之含義，雖然相似，但殯葬較偏重於出殯，以及出殯後屍體、靈柩的處理問題。因此，殯葬管理，是指依據法規的規定，運用管理的方法與技術，督導或處理有關殯葬設施的設置、殯葬設施的經營、殯葬服務業的輔導、殯葬行為的監督……等問題的行政行為。

二、殯葬管理的目的

　　依據「殯葬管理條例」第一條的明文，殯葬管理的目的，有下列三項：

1. 使殯葬設施符合環保，並永續經營。

2. 使殯葬服務業創新升級，提供優質服務。

3. 使殯葬行為切合現代需求，兼顧個人尊嚴及公眾利益，以提升國民生活品質。

三、殯葬管理的主管機關

殯葬管理的主管機關，依「殯葬管理條例」第三條的規定，有中央主管機關、直轄市、縣（市）主管機關、鄉（鎮、市）主管機關，茲就其權責劃分列舉如下：

（一）中央主管機關

殯葬管理的中央主管機關，係內政部，其權責之劃分如下：

1. 殯葬管理制度之規劃設計、相關法令之研擬及禮儀規範之訂定。

2. 對直轄市、縣（市）主管機關殯葬業務之監督。

3. 殯葬服務業證照制度之規劃。

4. 殯葬服務定型化契約之擬定。

5. 全國性殯葬統計及政策研究。

（二）直轄市、縣（市）主管機關

殯葬管理的直轄市、縣（市）主管機關，係直轄市政府及縣（市）政府，其權責之劃分如下：

1. 直轄市、縣（市）立殯葬設施之設置、經營及管理。

2. 殯葬設施專區之規劃及設置。

3. 對轄區內公私立殯葬設施之設置核准、經營監督及管理。

4. 對轄區內公立殯儀設施廢止之核准。

5. 對轄區內公私立殯葬設施之評鑑及獎勵。

6. 殯葬服務業之經營許可、廢止許可、輔導、管理、評鑑及獎勵。

7. 違法設置、擴充、增建、改建或經營殯葬設施之取締及處理。

223

8. 違法從事殯葬服務業及違法殯葬行為之取締及處理。

9. 殯葬消費資訊之提供及消費者申訴之處理。

10. 殯葬自治法規之擬（制）定。

（三）鄉（鎮、市）主管機關

殯葬管理的鄉（鎮、市）主管機關，係鄉（鎮、市）公所，其權責之劃分如下：

1. 鄉（鎮、市）公立殯葬設施之設置、經營及管理。

2. 埋葬、火化及起掘許可證明之核發。

3. 違法設置、擴充、增建、改建殯葬設施、違法從事殯葬服務業及違法殯葬行為之查報。

四、殯葬設施之設置管理

殯葬設施是指公墓、殯儀館、禮廳及靈堂、火化場及骨灰（骸）存放設施等，這些殯葬設施的設置管理，是殯葬管理的行政工作之一，茲就殯葬管理條例的規定，略述殯葬設施之設置管理。

（一）公墓之設置管理

公墓，是指供公眾營葬屍體、埋藏骨灰或供樹葬之設施。公墓，得由直轄市、市政府及鄉（鎮、市）公所依法設置，並得由縣政府視需要設置。法人或寺院、宮廟、教會之設置或擴充公墓，由直轄市、縣（市）主管機關視其設施內容及性質，定其最小面積。但山坡地設置私立公墓，其面積不得小於五公頃。私立公墓之設置，經主管機關核准，得依實際需要，實施分期分區開發。

1. 公墓設置地點之規範：

　　公墓之設置及擴充，應選擇不影響水土保持、不破壞環境保護、不妨礙軍事設施及公共衛生之適當地點為之，同時與下列各款地點保持相當距離：

(1) 公共飲水井或飲用水之水源地：不得少於一千公尺距離。

(2) 學校、醫院、幼稚園、托兒所：不得少於五百公尺距離。

(3) 戶口繁盛地區：不得少於五百公尺距離。

(4) 河川：因地制宜，保持適當距離。

(5) 工廠、礦場：因地制宜，保持適當距離。

(6) 貯藏或製造爆炸物或其他易燃之氣體、油料等之場所：不得少於五百公尺距離。

2. 公墓應有設施之規範：

　　公墓，依殯葬管理條例第十二條的規定，應有下列設施：

(1) 墓基。

(2) 骨灰（骸）存放設施。

(3) 服務中心。

(4) 公共衛生設施。

(5) 排水系統。

(6) 給水及照明設施。

(7) 墓道（分墓區間道及墓區內步道，其寬度分別不得小於四公尺及一點五公尺）。

(8) 停車場。

(9) 聯外道路。

(10) 公墓標誌。

(11) 公墓周圍應以圍牆、花木、其他設施或方式，與公墓以外地區作適當之區隔。

(12) 其他依法應設置之設施（包括劃定公共綠化空地、墳墓造型採平面草皮式）。

（二）殯儀館之設置管理

殯儀館，是指醫院以外，供屍體處理及舉行殮、殯、奠、祭儀式之設施。

殯儀館，由直轄市、縣（市）政府分別設置；但鄉（鎮、市）公所得視需要設置。法人或寺院、宮廟、教會亦得依法設置。

殯儀館之設置與擴充，與學校、醫院、幼稚園、托兒所等地之距離，不得少於三百公尺；與貯藏或製造爆炸物或其他易燃之氣體、油料等場所之距離，不得少於五百公尺；與戶口繁盛地區，應保持適當距離。

殯儀館，依殯葬管理條例第十三條之規定，應有下列設施：

1. 冷凍室。
2. 屍體處理設施。
3. 解剖室。
4. 消毒設施。
5. 廢（汙）水處理設施。
6. 停柩室。
7. 禮廳及靈堂。
8. 悲傷輔導室。
9. 服務中心及家屬休息室。
10. 公共衛生設施。
11. 緊急供電設施。
12. 停車場。
13. 聯外道路。
14. 其他依法應設置之設施。

（三）禮廳及靈堂

　　禮廳及靈堂是指殯儀館外單獨設置或附屬於殯儀館，供舉行奠、祭儀式之設施。依殯葬管理條例有關條文之規定，直轄市、縣（市）主管機關得分別設置禮廳及靈堂；鄉（鎮市）主管機關亦得視需要設置禮廳及靈堂；法人或寺院、宮廟、教會，得依法單獨設置禮廳及靈堂。

　　單獨設置或擴充之禮廳及靈堂，與學校、醫院、幼稚園、托兒所等地之距離，不得少於二百公尺，但其他法律或自治條例另有規定者，從其規定。

　　單獨設置之禮廳及靈堂，依殯葬管理條例之規定，應有下列設計：

1. 禮廳及靈堂。
2. 悲傷輔導室。
3. 服務中心及家屬休息室。
4. 公共衛生設施。
5. 緊急供電設施。
6. 停車場。
7. 聯外道路。
8. 其他依法應設置之設施。

（四）火化場之設置管理

　　火化場，是指供火化屍體或骨骸之場所。主要是由直轄市、縣（市）政府分別設置，但鄉（鎮、市）公所得視需要設置。法人或寺院、宮廟、教會亦得依法設置。

　　火化場之設置與擴充，與學校、醫院、幼稚園、托兒所等地之距離，不得少於三百公尺；與貯藏或製造爆炸物或其他易燃之氣體、油料等場所之距離，不得少於五百公尺；與戶口繁盛地區，應保持適當距離。

火化場，依殯葬管理條例第十五條之規定，應有下列設施：

1. 撿骨室及骨灰再處理設施。
2. 火化爐。
3. 祭拜檯。
4. 服務中心及家屬休息室。
5. 公共衛生設施。
6. 停車場。
7. 聯外道路。
8. 緊急供電設施。
9. 空氣汙染防制設施。
10. 其他依法應設置之設施。

（五）骨灰（骸）存放設施之設置管理

骨灰（骸）存放設施，是指供存放骨灰（骸）之納骨堂（塔）、納骨牆或其他形式之存放設施。

骨灰（骸）存放設施，由直轄市、市政府及鄉（鎮、市）公所分別設置，但縣政府得視需要設置。法人或寺廟、宮廟、教會亦得依法設置。

1. 骨灰（骸）存放設施之設置地點規範：

骨灰（骸）存放設施之設置與擴充，應選擇不影響水土保持、不破壞環境保護、不妨害軍事設施及公共衛生之適當地點為之。同時，與下列各項地點保持相當距離：

(1) 學校、醫院、幼稚園、托兒所：不得少於三百公尺距離。

(2) 戶口繁盛地區：因地制宜，保持相當距離。

(3) 貯藏或製造爆炸物或其他易燃之氣體、油料等之場所：不得少於五百公尺距離。

2. 骨灰（骸）存放設施之應有設施規範：

　　骨灰（骸）存放設施，依殯葬管理條例第十六條之規定，應有下列設施：

(1) 納骨灰（骸）設施。

(2) 祭祀設施。

(3) 服務中心及家屬休息室。

(4) 公共衛生設施。

(5) 停車場。

(6) 聯外道路。

(7) 其他依法應設置之設施。

五、殯葬設施之經營管理

　　直轄市、縣（市）或鄉（鎮、市）主管機關，為經營殯葬設施，得設殯葬設施管理機關（構），或置殯葬設施管理人員；並得於必要時，委託民間經營。殯葬設施之經營管理，依殯葬管理條例之規定，得分為公墓之經營管理、殯儀館之經營管理、火化場之經營管理與骨灰（骸）存放設施之經營管理等四種，茲分述之：

（一）公墓之經營管理

　　公墓是埋葬屍體、骨灰或樹葬的處所，因此，公墓的經營管理，必須從埋葬、登記、起掘與遷葬等方面來嚴格執行，茲依據殯葬管理條例的規定，分述如下：

1. 埋葬方面：

(1) 埋葬屍體，應於公墓內為之。

(2) 公墓不得收葬未經核發埋葬許可證明之屍體。

(3) 申請埋葬許可證明者，應檢具死亡證明文件，向直轄市、縣（市）、鄉（鎮、市）主管機關或其授權之機關申請核發。

229

(4) 公墓內應依地形劃分墓區,每區內劃定若干墓基,編定墓基號次,每一墓基面積不得超過八平方公尺。但二棺以上合葬者,每增加一棺,墓基得放寬四平方公尺。

(5) 埋葬棺柩時,其棺面應深入地面以下至少七十公分,墓頂最高不得超過地面一公尺五十公分,墓穴並應嚴密封固。

(6) 埋葬骨灰者,應以平面式為之(以公共藝術之造形設計,經直轄市、縣(市)主管機關核准者,不在此限),每一骨灰盒(罐)用地面積不得超過零點三六平方公尺。

(7) 私立公墓之經營者,應以收取之費用,明定為管理費,設立專戶,專款專用。

(8) 私立或以公共造產設置之公墓之經營者,應將管理費以外之其他費用,提撥百分之二,交由直轄市、縣(市)主管機關,成立殯葬設施經營管理基金,支應重大事故發生或經營不善,致無法正常營運時之修護、管理費用。

(9) 公墓內之墳墓,其有損壞者,公墓之經營人應即通知墓主。

(10) 埋葬骨灰之墓基,使用年限屆滿時,應由遺族依規定之骨灰拋灑、植存或其他方式處理。

2. 登記方面:

公墓,應設置登記簿,永久保存,並登載下列事項:

(1) 墓基編號。

(2) 營葬日期。

(3) 受葬者之姓名、性別、出生地及生死年月日。

(4) 墓主之姓名、國民身分證統一編號、出生地、住址與通訊處及其與受葬者之關係。

(5) 其他經主管機關指定應記載之事項。

3. 起掘方面：

　　公墓內之墳墓、棺柩、屍體、骨灰，必須經直轄市、縣（市）或鄉（鎮、市）主管機關或其委託之機關核發起掘許可證明書，始得起掘。

　　公立公墓內或其他公有土地上之無主墳墓，經直轄市、縣（市）或鄉（鎮、市）主管機關，公告三個月確認後，得予以起掘，火化或存放於骨灰（骸）存放設施。

　　骨骸起掘後，應存放於骨灰（骸）存放設施或火化處理。

4. 遷葬方面：

　　依法設置之墳墓，因情事變更致有妨礙軍事設施、公共衛生、都市發展或其他公共利益之虞，經直轄市、縣（市）主管機關轉請目的事業主管機關，認定屬實者，應予遷葬。並應發給遷葬補償費，其補償基準，由直轄市、縣（市）主管機關定之。

　　依法應行遷葬之墳墓，直轄市、縣（市）主管機關，應於遷葬前先行公告，限期自行遷葬，並應以書面通知墓主，及在墳墓前樹立標誌。

　　依法應行遷葬之墳墓，自公告之日起，於三個月之期間內完成之，如屆期墓主未遷葬者，除有特殊情形提出申請，經直轄市、縣（市）或鄉（鎮、市）主管機關核准延期者外，視同無主墳墓，得予以起掘、火化或存放於骨灰（骸）存放設施。

（二）殯儀館之經營管理

　　殯儀館，是供處理屍體及協辦殮、殯、奠、祭儀式的場所。其經營管理，當然是以服務喪家為先；因此，除了應充實現代化設施外，還應提升服務品質、提高經營的業績。茲依殯葬管理條例的規定，列舉有關殯儀館的經營管理：

1. 得申請使用移動式火化設施：

　　殯儀館的經營者，得向直轄市，縣（市）主管機關申請使用移動式火化設施，經營火化業務；其火化之地點，以合法設置之殯葬設施及其他經直轄市、縣（市）主管機關核准之範圍內為限。

　　移動式火化設施，不得火化未經核發火化許可證明之屍體（依法遷葬者，不在此限）。

2. 維護殯儀館內之各項設施：

　　殯儀館內之各項設施，經營者應妥為維護。

3. 更新或遷移殯儀館設施之報請核准：

　　公立殯儀館設施有下列情形之一，直轄市，縣（市）、鄉（鎮、市）主管機關得辦理更新或遷移：

(1) 不敷使用者。

(2) 遭遇天然災害致全部或一部無法使用。

(3) 全部或一部地形變更。

(4) 其他特殊情形。

　　公立殯儀館設施更新或遷移，應擬具更新或遷移計畫。其由鄉（鎮、市）主管機關更新或遷移者，應報請縣之主管機關核准。其由直轄市、縣（市）主管機關更新或遷移者，應報請中央主管機關備查。私立殯儀館之更新或遷移，應擬具更新或遷移計畫，報請直轄市、縣（市）主管機關核准。

4. 報准變更核准之事項：

　　私立殯儀館設施於核准設置、擴充、增建或改建後，其核准事項有變更者，應備具相關文件報請直轄市、縣（市）主管機關核准。

5. 辦理評鑑及獎勵：

　　直轄市、縣（市）主管機關，對轄區內之殯葬設施，應每年定期查核管理情形，並辦理評鑑及獎勵。

（三）單獨設置之禮廳及靈堂之經營管理

　　單獨設置之禮廳及靈堂，不得供屍體處理或舉行殮、殯儀式；除出殯日舉行奠祭儀式外，不得停放屍體、棺柩。

（四）火化場之經營管理

　　火化場，是供喪家火化屍體或骨骸之場所，其經營管理，當然以服務喪家為主，因此，應充實現代化設施，提升服務品質，提高經營業績，以維持永續之經營。火化場之經營管理，大致與殯儀館之經營管理相似，茲依殯葬管理條例之規定，列舉之：

1. 得申請使用移動式火化設施：

　　火化場之經營者，得向直轄市、縣（市）主管機關申請使用移動式之火化設施，經營火化業務（火化之地點，以合法設置之火化設施及經直轄市、縣（市）主管機關核准之範圍內為限）。

　　火化場或移動式火化設施，不得火化未經核發火化許可證明之屍體。

2. 申請火化許可之證明：

　　申請火化許可證明者，應檢具死亡證明文件，向直轄市、市、鄉（鎮、市）主管機關或其委託之機關申請核發。

3. 骨骸之存放骨灰（骸）存放設施：

　　公墓內之骨骸起掘後，應存放於骨骸存放設施或火化處理。公墓內埋葬屍體之墓基，使用年限屆滿時，應通知遺族撿骨存放於骨灰（骸）存放設施或火化處理之。

4. 火化場之更新或遷移：

　　公立火化場有下列情形之一，直轄市、縣（市）或鄉（鎮、市）主管機關得辦理更新或遷移：

(1) 不敷使用者。

(2) 遭遇天然災害致全部或一部無法使用。

(3) 全部或一部分地形變更。

(4) 其他特殊情形。

公立火化場之更新或遷移，應擬具更新或遷移計畫。其由鄉（鎮、市）主管機關更新或遷移者，應報請縣主管機關核准，其由直轄市、縣（市）主管機關更新或遷移者，應報請中央主管機關備查。私立火化場之更新或遷移，應擬具更新或遷移計畫，報請直轄市、縣（市）主管機關核准。

5. 維護火化場之設施：

火化場內之各項設施，經營者應妥為維護。

6. 報請變更核准事項：

私立火化場設施於核准設置、擴充、增建或改建後，其核准事項有變更者，應備具相關文件，報請直轄市、縣（市）主管機關核准。

7. 辦理評鑑及獎勵：

直轄市、縣（市）主管機關，對轄區內之殯葬設施，應每年定期查核管理情形，並辦理評鑑及獎勵。

（五）骨灰（骸）存放設施之經營管理

骨灰（骸）存放設施，是指納骨堂（塔）、納骨牆或其他存放骨灰（骸）的場所，其經營管理，當然以服務喪家為主要目標，因此，設施的現代化，服務品質的提高，即成為永續經營不可缺乏的條件。茲依據殯葬管理條例的規定，列舉有關骨灰（骸）存放設施的經營管理：

1. 骨灰（骸）之存放：

   (1) 公墓內之骨骸起掘後，應存放於骨灰（骸）存放設施。

   (2) 骨灰，以存放於骨灰（骸）存放設施為原則。

   (3) 骨灰（骸）之存放，應檢附火化許可證明、起掘許可證明或其他相關證明。

   (4) 直轄市，縣（市）或鄉（鎮、市）主管機關，得經同級立法機關之議決，規定骨灰（骸）存放設施之使用年限。

   (5) 埋葬屍體之墓基，其使用之年限屆滿時，應通知遺族撿骨存放於骨灰（骸）存放設施。

   (6) 骨灰（骸）存放設施使用年限屆滿時，應由遺族依規定之骨灰拋灑、植存或其他方式處理。

   (7) 直轄市、縣（市）或鄉（鎮、市）主管機關，對其公立之公墓內或其他公有土地上之無主墳墓，得經公告三個月確認後，予以起掘為必要處理後，火化或存放於骨灰（骸）存放設施。

2. 更新或遷移骨灰（骸）存放設施之報請核准：

   公立骨灰（骸）存放設施有下列情形之一者，直轄市、縣（市）、鄉（鎮、市）主管機關，得辦理更新或遷移：

   (1) 不敷使用者。

   (2) 遭遇天然災害全部或一部無法使用。

   (3) 全部或一部地形變更。

   (4) 其他特殊情形。

   此項骨灰（骸）存放設施之更新或遷移，應擬具更新或遷移計畫。其由鄉（鎮、市）主管機關更新或遷移者，應報請縣主管機關核准。其由直轄市、縣（市）主管機關更新或遷移者，報請中央主管機關備查。

　　私立骨灰（骸）存放設施之更新或遷移，應擬具更新或遷移計畫，報請直轄市、縣（市）主管機關核准。

3. 設置骨灰（骸）存放設施之登記簿：

　　骨灰（骸）存放設施，應設置登記簿永久保存，並登載下列事項：

(1) 骨灰（骸）存放單位編號。

(2) 存放日期。

(3) 受葬者之姓名、性別、出生地及生死年月日。

(4) 存放者之姓名、國民身分證統一編號、出生地、住址與通訊處及其與受葬者之關係。

(5) 其他經主管機關指定應記載之事項。

4. 維護骨灰（骸）存放設施之各項設施：

　　骨灰（骸）存放設施內之各項設施，經營者應妥為維護。公墓內之骨灰（骸）存放設施內之骨灰（骸）櫃，如有損壞者，其經營者應即通知存放者。

5. 報請核准變更事項：

　　私立骨灰（骸）存放設施於核准設置、擴充、增建或改建後，其核准事項有變更者，應備具相關文件，報請直轄市、縣（市）主管機關核准。

6. 設立專戶、專款專用：

　　私立骨灰（骸）存放設施經營者，應以收取之費用，明定為管理費，設立專戶，專款專用。

7. 提撥費用、設立管理基金：

　　私立骨灰（骸）存放設施經營者，應將管理費以外之其他費用，提撥百分之二，交由直轄市、縣（市）主管機關，成立殯葬設施經營

管理基金，支應重大事故發生或經營不善致無法正常營運時之修護、管理等費用。

8. 辦理評鑑及獎勵：

　　直轄市、縣（市）主管機關，對轄區內殯葬設施（骨灰（骸）存放設施），應每年定期查核管理情形，並辦理評鑑及獎勵。

六、殯葬服務業的管理

　　殯葬服務業，係指殯葬設施經營業及殯葬禮儀服務業等兩種行業；殯葬設施經營業，是以經營公墓、殯儀館、禮廳及靈堂、火化場、骨灰（骸）存放設施等殯葬設施為業之公司；而殯葬禮儀服務業，是以承攬處理殯葬事宜為業之公司，兩者性質並不相同。有關殯葬服務業之管理及輔導事項，茲依據殯葬管理條例第四章之規定，分述如下：

（一）殯葬服務業得營業之規定

　　經營殯葬服務業，應向所在地之直轄市、縣（市）主管機關申請經營許可後，依法辦理公司或商業登記，並加入殯葬服務業之公會，始得營業。

　　但殯葬設施經營業，應加入該殯葬設施（即殯儀館或單獨設立之禮廳及靈堂或火化場或公墓或骨灰（骸）存放設施）所在地之直轄市、縣（市）殯葬服務業公會，始得營業。

　　又殯葬禮儀服務業，於許可設立之直轄市、縣（市）外營業者，應持原許可經營證明，報請營業所在地直轄市、縣（市）主管機關備查，始得營業。但其設有營業處所營業者，應加入該營業處所在地之直轄市、縣（市）殯葬服務業公會，始得營業。

　　其他法人依其設立宗旨，從事殯葬服務業，應向所在地直轄市、縣（市）主管機關申請經營許可，領得經營許可證書，並加入所在地之殯

237

葬服務公會，始得營業；其於原許可設立之直轄市、縣（市）外營業者，亦應持原經營許可證書，報請營業所在地之直轄市、縣（市）主管機關備查，始得營業。但其設有營業處所營業者，並應加入該營業處所所在地之直轄市、縣（市）殯葬服務業公會，始得營業。

再者，殯葬服務業依法辦理公司、商業登記或領得經營許可證書後，應於六個月內開始營業，屆期末開始營業者，由直轄市、縣（市）主管機關廢止其許可。但有正當理由者，得申請展延，期限以三個月為限。

（二）經營殯葬禮儀服務業之先決條件

殯葬禮儀服務業，具一定規模者，應置專任禮儀師，始得申請經營許可證書並營業。禮儀師應具備之資格、條件、證書之申請或換（補）發、執業管理及其他應遵行事項之辦法，由中央主管機關定之。

具有禮儀師資格者，得執行下列業務：

1. 殯葬禮儀之規劃及諮詢。

2. 殮殯葬會場之規劃及設計。

3. 指導喪葬文書之設計及撰寫。

4. 指導或擔任出殯奠儀會場司儀。

5. 臨終關懷及悲傷輔導。

6. 其他經中央主管機關核定之業務項目。

未取得禮儀師資格者，不得以禮儀師名義，執行前述各款業務。

（三）不得充任殯葬服務業負責人之消極條件

殯葬服務業之負責人，不得有下列各款情形之一：

1. 無行為能力或限制行為能力。

2. 受破產之宣告尚未復權。

3. 犯殺人、妨害自由、搶奪、強盜、恐嚇取財、擄人勒索、詐欺、背信、侵占罪、性侵害犯罪防治法第二條（妨害性自主罪、強制性交罪……）所定之罪、組織犯罪防制條例第三條第一項（發起、主持、操縱或指揮犯罪組織之罪行）、第二項（犯第一項之罪，受刑之執行完畢或赦免後，再犯第一項之罪）、第六條（資助犯罪組織之罪行）、第九條（公務員或公職人員包庇犯罪組織之罪行）之罪，經受有期徒刑一年以上刑之宣告確定，尚未執行完畢或執行完畢或赦免後未滿三年者。但受緩刑宣告者，不在此限。

4. 受感訓處分之裁定確定，尚未執行完畢或執行完畢未滿三年者。

5. 曾經營殯葬服務業，經主管機關廢止或撤銷許可，自廢止或撤銷之日起未滿五年者。但殯葬服務業領得經營許可證書後，於六個月期限內未開始營業或自行停止業務者，不在此限。

6. 受停止營業處分（殯葬管理條例第七十五條第三項所定之停止營業處分），尚未執行完畢者。

　　殯葬服務業之負責人，有上述各款情形之一者，由直轄市、縣（市）主管機關令其限期內變更負責人，逾期未變更負責人者，廢止其許可經營。

（四）殯葬服務業之營業原則

　　殯葬服務業應將相關證照、商品或服務項目、價金或收費基準表，公開展示於營業所明顯處，並備置收費基準表。

（五）殯葬服務業之營業方式

　　殯葬服務業就其提供之商品或服務，應與消費者訂定書面契約。書面契約未載明之費用，無請求權。並不得於契約簽訂後，巧立名目，強索增加費用。有關書面契約之格式、內容、由中央主管機關訂定定型化

239

契約範本及其應記載及不得記載事項。殯葬服務業於營業時，應將定型化契約範本公開，並印製於收據憑證或交付消費者。

（六）生前殯葬服務契約之簽訂

　　非經直轄市、縣（市）主管機關許可經營殯葬禮儀服務業之公司，不得與消費者簽訂生前殯葬服務契約。與消費者簽訂生前殯葬服務契約之公司，須具一定規模；其應備具一定規模之證明、生前殯葬服務定型化契約及與信託業簽訂之信託契約副本，應一併報請直轄市、縣（市）主管機關核准後，始得與消費者簽訂生前殯葬服務契約。

　　殯葬禮儀服務業與消費者簽訂生前殯葬服務契約，其有預先收取費用者，應將該費用百分之七十五，依信託本旨交付信託業管理。除生前殯葬服務契約之履行、解除、終止或另有規定外，不得提領。

　　再者，殯葬禮儀服務業應將交付信託業管理之費用，按月逐筆結算造冊後，於次月底前交付信託業管理。信託業應於每年十二月三十一日結算一次。經結算未達預先收取費用之百分之七十五者，殯葬禮儀服務業應以現金補足其差額；已逾預先收取費用之百分之七十五者，得提領其已實現之收益。但信託業之結算，應將未實現之損失計入，且應於次年一月三十一日前將結算報告送直轄市、縣（市）主管機關。

（七）殯葬禮儀服務業之解除或終止信託契約

　　殯葬禮儀服務業解除或終止與信託業簽訂之信託契約時，應指定新受託人；其信託財產由原受託人結算後，移交新受託人；但未移交新受託人之前，其信託契約視為存續，由原受託人依原信託契約管理之。

　　再者，殯葬禮儀服務業有下列情形之一時，其交付信託業管理之財產，由信託業者報經直轄市、縣（市）主管機關核准後，退還與殯葬禮儀服務業簽訂生前殯葬服務契約且尚未履行完畢之消費者：

1. 破產。

2. 依法解散，或經直轄市、縣（市）主管機關廢止其許可。

3. 自行停止其營業連續六個月以上，或經直轄市、縣（市）主管機關勒令停業逾六個月以上。

4. 經向直轄市、縣（市）主管機關申請停業期滿後，逾三個月未申請復業。

5. 與信託業簽訂之信託契約因故解除或終止後逾六個月未指定新受託人。

　　又消費者依前述領回金額，以其簽訂生前殯葬服務契約已繳之費用為原則。但信託財產處分後，不足支付全部未履約消費者已繳之費用時，依消費者繳款比例領回。

（八）直轄市、縣（市）主管機關之派員查核

　　殯葬設施經營業，對於公私立公墓之墓主及骨灰（骸）存放設施之存放者，所收取之管理費，是否設立專戶，專款專用；以及殯葬禮儀服務業，預收生前殯葬服務契約之費用收支或交付信託之情形，直轄市、縣（市）主管機關得隨時派員或委託專業人員查核之。受查核之殯葬服務業，不得規避、妨礙或拒絕。其查核之結果，直轄市、縣（市）主管機關得公開相關資訊。

（九）殯葬服務業之銷售營業及暫停營業

　　殯葬禮儀服務業得委託公司、商業代為銷售生前殯葬服務契約；殯葬設施經營業，除其他法令另有規定外，亦得委託公司、商業銷售墓基、骨灰（骸）存放單位、生前殯葬服務契約之營業處所及受託之公司、商業相關文件，報請直轄市、縣（市）主管機關備查，並公開相關資訊。

241

殯葬服務業，預定暫停營業，其期間在三個月以上者，應於停止營業之日十五日前，以書面向直轄市、縣（市）主管機關申請停業；並應於期限屆滿十五日前申請復業。殯葬服務業暫停營業之期間，以一年為限；但有特殊之情形者，得向直轄市、縣（市）主管機關申請展延一次，其期間以六個月為限。

殯葬服務業，自開始營業後，逕行停止營業，連續達六個月以上，或暫停營業期滿未申請復業者，直轄市、縣（市）主管機關得廢止其許可。

（十）殯葬服務業之定期評鑑

直轄市、縣（市）主管機關，對於殯葬服務業，應定期實施評鑑，經評鑑結果，成績優良者，應予獎勵。

（十一）經常舉辦殯葬服務業之觀摩活動

殯葬服務業之公會，應每年自行或委託學校、機構、學術社團、舉辦殯葬服務業務觀摩交流活動或教育訓練課程。殯葬服務業，得指派所屬員工，參加殯葬服務業公會所舉辦之殯葬服務業務觀摩、講習或訓練。

七、殯葬行為之管理

殯葬行為的管理，旨在約束喪家以及承攬殯葬事宜的殯葬服務業、醫院……等在經營殯葬服務時，應遵守法規的規定，不得違法。茲就殯葬管理條例的規定條文，分述如下：

（一）尊重死者在生前就殯葬事宜所立之遺囑

死者在生前係成年人且具有行為能力，其在生前就其死亡後之殯葬事宜，所預立之遺囑或填具之意願書，例如死後捐死體供醫學教學之用，或死後捐體內器官供醫院移植器官之用，或死後將屍體火化……等等，其家屬或承辦其殯葬事宜者，應予尊重。

（二）使用道路搭棚辦理奠儀需報准

辦理殯葬事宜，如因殯儀館設施不足需使用道路搭棚者，應擬具使用計畫報經當地警察機關核准，並以二日為限。但直轄市政府或縣（市）政府有禁止使用道路搭棚規定者，從其規定。

（三）殯葬服務業之經營行為須自制

殯葬服務業不得提供或媒介非法殯葬設施供消費者使用，並不得擅自進入醫院招攬業務；未經醫院或死者家屬同意，不得搬移屍體。

又殯葬禮儀服務業就其承攬之殯葬服務，至遲應於出殯前一日，將出殯行經路線報請辦理殯葬事宜所在地之警察機關備查。同時，所提供之殯葬服務，不得有製造噪音、深夜喧嘩或其他妨礙公眾安寧、善良風俗之情事，且不得於晚間九時至翌日上午七時間，使用擴音設備。

（四）醫院對於死者家屬的殯葬行為須尊重

醫院依法設太平間者，對於在醫院死亡者之屍體，應負責安置；如未設太平間者，得劃設適當空間，暫時停放屍體，供死者家屬助念或悲傷撫慰；同時不得拒絕死亡者之家屬或其委託之殯葬禮儀服務業領回屍體。

醫院不得附設殮、殯、奠、祭設施。但「殯葬管理條例」於中華民國一〇六年六月十四日修正之條文施行前，已經核准附設之殮、殯、奠、祭設施，得於本條例修正施行後（修正施行日期為中華民國一〇七年五月一日），繼續使用五年，並不得擴大其規模。

（五）憲警人員處理意外喪亡事件需妥當

憲警人員依法處理意外事件，或不明原因死亡之屍體程序完結後，除經家屬認領，自行委託殯葬禮儀服務業，承攬服務者外，應急通知轄區或較近之公立殯儀館辦理屍體運送事宜，不得擅自轉介或縱容殯葬服務業逕行提供服務。公立殯儀館接獲運送屍體之通知後，應即自行或委託殯葬禮儀服務業，運送屍體至殯儀館，依相關規定處理。

243

（六）埋葬屍體或火化屍體須依規定

埋葬屍體，應於公墓內為之。骨灰或起掘之骨骸，除「殯葬管理條例」另有規定外，應存放於骨灰（骸）存放設施或火化處理；火化屍體，應於火化場或移動式火化設施為之。

（七）私人墳墓僅得修繕

本「殯葬管理條例」施行前，依法設置之私人墳墓，及「墳墓設置管理條例」施行前，既存之墳墓，於本「殯葬管理條例」施行後，僅得依原墳墓形式修繕，不得增加高度及擴大面積。

（八）公墓內供家族集中存放骨灰（骸）之合法墳墓，得繼續存放

本「殯葬管理條例」施行前，公墓內既存供家族集中存放骨灰（骸）之合法墳墓，於原規劃容納數量範圍內，得繼續存放，但不得擴大其規模。

（九）寺院、宮廟、宗教所屬之殯葬設施，得繼續使用

本「殯葬管理條例」公布施行前，寺院、宮廟及宗教團體所屬之公墓、骨灰（骸）存放設施及火化設施，得繼續使用，其有損壞者，得於原地原規模修建。

附錄 ❶
現代人應有的生死觀念

人的生死，是大家不能不關切的問題。人有生必有
死，受著自然法則的牽引……。

　　人的生死，究竟是上天註定？抑或命運作弄？抑或自己操控？抑或
意外變故？抑或……。

　　什麼是生死？生死是包括生與死兩大問題；換句話說，生是指出生
或生命而言，死是指死亡或生命的消失而言，這是人一生必經的路程，
由生到死，生命便存活在出生之後，死亡之前。

　　生命是一種很奧妙、不易詮釋的東西，例如我們將一棵樹木的種子或
者花卉的種子，埋在庭院的泥土花圃裡，每天每天澆一些水，可以預料
到，過些時日，花圃裡將冒出幾棵樹木或花卉的嫩芽，於是我們便說：它
們有生命了……。同樣的，我們若將幾顆鳥類的蛋（或卵），置放在溫暖的
孵窩裡，過了一定的孵化期，也能孵出幾隻可愛的雛鳥來，於是我們也會
說，雛鳥也有了生命……。以號稱萬物之靈的人類來說，當母體的卵細胞
受精後，受精的卵細胞一面滑進子宮，附著於子宮壁；一面自行分裂，由
二到四、由四到八，如此不斷的依「等比級數」進行分裂，而形成了一個
細胞球，於是，細胞球又慢慢的發展成外層細胞與內層細胞，外層細胞包
括臍帶，胎盤與胎囊等附屬構造；內層細胞有一部分則發育為胎兒，胎兒
便從此萌發了生存的活力，而開始有了生命……。

　　生命是什麼？有些人說：生命是指存活的形體，因此，凡是存活的
動物或植物，都是有「生命」的形體。也有人說：生命是指生存的生
物，因此，凡是生存的生物，例如動物、植物、乃至飄浮於空氣間的細
菌，也都是生命體。

245

　　這些論調、說詞，似是而非，是一種很膚淺的見解，不能令人贊同。那麼，什麼是生命？生命的意義又如何？很遺憾，迄至目前，一般生物學家、遺傳學家、動物學家、植物學家、乃至生命科學家、醫學專家、婦產科生殖學家……等等，都未曾正面為「生命」一詞，為確切的詮釋。這些聲名卓著的專家、學者，只從生命的特徵，加以剖析，而認為有成長的能力，有新陳代謝的功能，有繁殖子代的本能……等，都可說是有生命的跡象。可是，這樣的剖析，仍無法滿足我們的求知欲。因此，我們大膽的說：「凡宇宙間所有生物體賴以存活的自發性動力」，或者「宇宙間所有生命體賴以繁衍的自體性機能」，便是生命的定義。

　　生命是珍貴的。以人類的生命來說，生命是附著於人的身體而存在，人的身軀、骨幹、肢體有了生命的存在，人的腦神經中樞，才會思考、記憶、推理、判斷……才會運用思想說話，表達意思、發抒情感、與人溝通意見……才會發號施令，指揮肢體前進、行走、跑步、後退、打球、游泳、登山、跳躍……才會指令手掌寫字、打字、操作電腦……才會……。而人的生命體，有了生命的滋潤，才會萌起營造快樂生活的欲求，才會燃起追慕異性、組織家庭的慾念，才有與伴侶白頭偕老的期望……。

　　只是，生命是短暫的，那依附於人的身體組織、器官的生命，始終無法長生不老、永恆不滅，如我們所願，讓我們的區區生命，以及生命所依附的軀體，存活到百年或千年，永遠強壯、健康、年青、有活力。信仰佛教的法師以及信徒們，常說：「諸行無常」，是的，人體的生命也是無常、多變故，一旦生命所依附的身體組織或器官，因長年的運作而老化，或者因損耗過劇而病變，這依附於人的身軀的生命燈火，便逐漸逐漸的黯淡下來，於是，死亡之門便在不遠處，為我們緩緩的開啟……。

死亡是很悲慘、很無奈的一件大事，任誰都不願意被逼向死亡之路……。可是，任誰也無法逃離這死亡關卡，人一旦年歲高了，或者罹患難以治癒的重病，或者遭遇車禍、水災、火災、空難……等重大意外事故、災害，人的身體以及依附於身體而存在的生命，也難免會面臨死亡的威脅。於是，當人的身體冰冷了、僵硬了、失去了溫熱……而呼吸由微弱而漸漸停止，心跳、脈膊也突然停止運作，眼睛的瞳孔無神而擴大……叫也叫不醒……這時，人的生命跡象便已消失，而生命所依附的身體組織與器官便告死亡，這人的一生令名以及偉大的事跡，便隨著生命以及生命的宿主，遠離人間、塵世了……。

人的生命，只有一生一世，沒有來生來世（或稱再生再世）的未來。人面臨了死亡，不論是將死者土葬或火葬，或者將死者火葬後的骨灰，予以樹葬（將骨灰埋在樹下）、花葬（將骨灰埋在花圃內或灑在花卉上）、牆葬（將骨灰埋在圍牆）、海葬（將骨灰灑在海洋上）或者放置於靈骨塔內，死者的身體以及附著於身體的生命，便一切化為烏有，只待家屬、親人的默哀、憑弔，以及追思、回憶……。至於，人死後，是否有魂魄、有靈魂，因為缺乏科學上的驗證，不能誤信、迷信，而所謂瀕死經驗，也只是一些面臨死亡關卡的人，在尚未完全失去生命跡象之時，腦部的思想所呈現的不真實幻覺與幻境、幻影罷了。

依佛教的哲理，認為人往生（死亡）後，將輪迴於天、人、阿修羅、餓鬼、畜生、地獄等六道，這些輪迴於六道的哲理，只不過在安慰人不必畏怯死亡，勉勵世人在世時多多行善去惡，修得善果，將來往生後才得以享有轉世為天或人的福報。

而耶穌基督的教義，並不主張輪迴、轉世的理念，當信徒安息（死亡）後，主持教堂的牧師，會擇日舉辦教友安息禮拜，為其禱告、追思、憑弔，並說死亡的教友，是蒙主寵召，將安息於主的懷抱，與主同在……。

　　人的生命，以及生命所昇華而出的心靈，常須藉助宗教的教義與教儀以慰藉空虛、枯寂的生活，於是信仰宗教的人越來越多。我們姑且不論信仰宗教的人，是否有高深的學識素養，是否有堅定的宗教信仰，是否能行善去惡，只要信仰宗教的人，不迷信人有來生來世的未來、人死後能投胎、轉世再出生為人的謬論，那就毋須杞人憂天了。

　　不幸，誤信人死後有再生再世的未來者，大有人在；而迷信人死後能再投胎轉世為人者，更是不勝其數；於是，負債累累者要自殺，生計艱困者要自殺，苦戀失敗者要自殺，課業壓力大者要自殺，夫妻口角者要自殺，悲觀厭世者要自殺……這些想要自殺以了斷生命的「苦主」，大多寄望死後能有美好的「再生再世」未來，因此，敢勇於大膽的自殺身亡。只是死後的「苦主」，果真有美好的未來（再生再世）人生？誰知道……。更有甚者，竟有人因細故而殺友人；有為人子者，因不滿父親的訓誨而殺父；有兄弟為爭祖先遺產，而相互毆打、砍殺者……不勝枚舉。試看報章、雜誌以及電視的報導，除了意外車禍、災害的死亡報導外，自殺或他殺（殺人）的案件，也常在報導之內。

　　人的生死，一向很難推測、很難預料、很難卜知，例如我什麼時候，會無病無痛自然的死亡？我什麼時候，會遭遇意外事故（例如空難、火災、水災、地震、車禍……）而死亡？我什麼時候，會罹患絕症而死亡……等等，連我自己都想不出來，也無法推測、預料，因此，只好推給命運，說是命運所註定，只要命運安排我什麼時候死亡，我就接受命運的安排。不是嗎？古時候不是有一句所謂：「生死有命，富貴在天」的成語，可以佐證。

　　但是，自殺或殺人的行為，是出自自殺者或殺人者自己的決意行為，是可以冷靜、控制的，不是命運所安排或天意所註定，因此，我們不得不在此再三呼籲有心自殺或殺人的人，要冷靜思考、控制自己的不智舉動，以防範自己或他人的死亡。

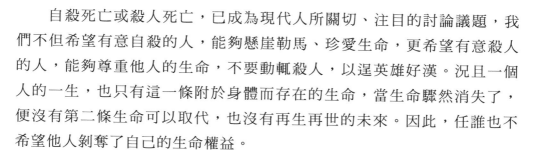

　　自殺死亡或殺人死亡，已成為現代人所關切、注目的討論議題，我們不但希望有意自殺的人，能夠懸崖勒馬、珍愛生命，更希望有意殺人的人，能夠尊重他人的生命，不要動輒殺人，以逞英雄好漢。況且一個人的一生，也只有這一條附於身體而存在的生命，當生命驟然消失了，便沒有第二條生命可以取代，也沒有再生再世的未來。因此，任誰也不希望他人剝奪了自己的生命權益。

　　死亡，既然任誰也避免不了、迴避不了，我們只好面對它、看淡它，不懼未來的死亡、不怕死亡之將至，勇敢的趁此有生之年，好好珍惜自己的生命，去追尋快樂的時光、美好的人生、幸福的生活，如此才不辜負這一生所高懸的心願。

　　總之，現代人對於人的生死，應有如下的觀念與認識：

一、生命既出自於父母的生育，不可任意糟蹋

　　生命，是由男女的交媾，經由受精卵的發育而成。我們每一個人的生命，既由父母的生育，而成長成一有生命的形體、骨幹與身軀，則我們不論自己已閱歷多少歲月、歷經多少挫折、遭遇多少苦難、面臨多少飢餓的威脅，我們都應勇敢面對、堅忍不屈，切勿自怨自恨，糟蹋自己，將自己的寶貴生命，輕易了斷，或出賣人格上的尊嚴，終日吸毒或酗酒澆愁。所謂：「身體髮膚，受之於父母……」，我們不管自己的年歲多大、境遇如何，都應好好珍愛自己的生命、善待自己，以盡孝道。

二、生命是不可取代的寶貝，不可輕易犧牲

　　生命是附著人的身體而存在，所以，人的身體有了生命的依附，身體的組織、器官以及血液，才能「各司其職」，發揮其功能；而生命有了身體的維護，才顯得更有生機、更有活力、更富朝氣、更加強壯……。只是，每一個人的身體只有這一軀、生命也只有附著於身體而存在的這一條，因此，當這一條的小生命死滅了，便無法以他人的生命取代，所以，我們應珍愛自己的生命。

249

三、生命的期限是短暫的，切勿留下空白

一個人的生命，自出生後，雖然必經嬰兒期、幼兒期、兒童期、少年期、青年期、成年期、壯年期、老年期……等人生過程，但，每一個人的生長閱歷不同，際遇也不同，有些人在嬰兒期、幼兒期或兒童期……就不幸死亡；有些人在少年期、青年期或成年期……才不幸死亡（意外事故或罹患重疾），有些人（大多數）活到老年期，才衰老死亡……。這些活到老年期才衰老、死亡的老人家，雖然我們說他（她）們「好有福氣，活到這麼老」，但是，他（她）們也只不過活到八十多歲或九十多歲，能活到一百歲以上的，畢竟少之又少。人生是短暫的，生命的期限又是那短短的幾十年，我們該趁此有生之年，好好的珍惜時光，充實生活，發揮專長，努力工作，切勿為自己的人生留下一片空白。

四、生命的死亡既不可避免，不必恐慌懼怕

生命，與生命所依附的身體共生共滅；生命消失了，身體成了無用的軀殼；身體死亡了，生命也跟著消失，失去其存在。人的生命，無法與天同壽，永久不亡，當一個人走完人生的旅程，年老了、體衰了……死亡之門便緩緩的為其開啟。死亡任誰都不能避免，每一個人早晚都會踏進這一條不歸路，既然這樣，我們何必恐慌、懼怕，擔心死神會提早來結束我們的生命，看淡它吧！好好的去追尋美夢，享受美好的人生。

五、對於有意自殺的迷途羔羊，應及早開導

有意自殺或有自殺傾向的人，不是他（她）們都愛死，而是他（她）們都有解決不了的問題，例如有些人負債累累，這一生無法償清債務，於是以了斷自己的生命，來逃避還債的責任。有些人是因為悲觀、厭世，而獨自自殺、或邀約其他陌生的同病者，一起自殺；有些人是因為婚姻遭遇挫折或戀愛失敗或課業壓力太大或其他不如意事……等

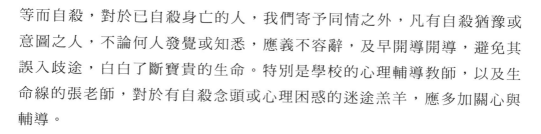

等而自殺，對於已自殺身亡的人，我們寄予同情之外，凡有自殺猶豫或意圖之人，不論何人發覺或知悉，應義不容辭，及早開導開導，避免其誤入歧途，白白了斷寶貴的生命。特別是學校的心理輔導教師，以及生命線的張老師，對於有自殺念頭或心理困惑的迷途羔羊，應多加關心與輔導。

六、對於安寧療護的瀕死者，應伸出援手

在醫院接受安寧療護的瀕死病患，大多生命垂危，來日不多，雖然，醫院內有醫師、護理師、物理治療師、職能治療師、臨床心理師、神職人員（神父、牧師、修女、法師）、社工人員、志工人員以及有關的營養師、藥劑師⋯⋯等等所組成的安寧醫療團隊，每日或隨時巡視安寧療護病房，為瀕死的病患盡最完善的照顧與安慰，但我們仍希望醫師、護理師能隨時伸出援手，幫助瀕死的病患，解決身體上的病痛；也希望社工人員或志工人員能發揮愛心，解決瀕死病患心靈上的空虛。

七、把握此生生命，讓生命走完最後路程

不管你我出生於何種家庭背景，貧窮、小康或者富裕⋯⋯，也不問你我的形體如何，高或者矮、胖或者瘦、英俊或者奇醜⋯⋯生命總是一律平等，受著自然法則的支配與牽制，受著命運的安排與操控，因此，每一個人的生命期限，長短不同，際遇也不同，但，唯一相同的，就是人人的最後旅程、最後歸宿，都是死亡。死亡既是人人必遭遇的不幸，逃也逃不了，避也避不開，則我們應淡然面對，好好把握此生的生命，追求快樂的時光、美好的人生、幸福的生活，讓生命安詳的走完最後路程，讓此生了無遺憾，了無悔恨。

八、殯葬禮儀遵照習俗舉辦，切勿過分鋪張

人往生（死亡）後，親人或家屬常會依照傳統的習俗，為死者舉辦殮、殯、奠、祭的儀式。為了革除不當的殯葬習俗，我們希望喪家舉辦殮、殯、奠、祭的儀式時，能力避喧囂、鋪張、奢侈、妨害鄰居安寧與社會交通之不當行為；同時，埋葬死者的靈柩、屍體，最好以火葬代替土葬，將火葬後的骨灰，埋入樹下（樹葬）、花下（花葬）、牆內（牆葬）、或飄灑在許可的海洋上（海葬）、或置放於納骨塔（或稱靈骨堂）內，以響應社會的環保措施。

附錄 ②
漫談人生的旅程：生老病死

人生的旅程——生、老、病、死，是你我不能不關切的問題；這生、老、死……，是每一個人必經歷的人生旅程，受著自然法則的牽引……，而這「病」，則是每一個人常遭遇到的生命挫折、變故與面臨死亡的威脅，受著命運的牽制……。

信仰佛教、皈依佛教、獻身佛教或研究佛教哲理的法師、和尚、尼姑、信徒以及學者、專家們，應都知道，佛教的經典，有所謂三法印（諸行無常、諸法無我、涅槃寂靜）、四聖諦（苦諦、集諦、滅諦、道諦）、八正道（正見、正思維、正語、正業、正命、正精進、正念、正定）、五蘊（色蘊、受蘊、想蘊、行蘊、識蘊）等等根本義理。

而四聖諦的苦諦，又有生苦、老苦、病苦、死苦、怨憎會苦、愛別離苦、求不得苦、五蘊熾盛苦等八種苦，我們姑且不論生、老、病、死，是否真的有苦、有煩惱的感受或挫折，但這生、老、病、死，卻是人生必經歷的不可避免的路程。

一、生

生是指生命的存續而言，以人的生命體來說，生是指生命體的出生、存活，以及依附於生命體（人的身體、組織、器官）而存活的生命延續、成長、成熟與老化等，均屬於生的徵象。

宇宙的生物，不論動物、植物以及飄遊於空氣間的細菌，其生物的物種來自何處？其生物的生命如何發生？在往昔科學尚未發達的時代，有認為宇宙的物種，是自然形成的；有認為宇宙的生物，來自於海洋；

253

有認為宇宙的生物，來自於外太空墜落的隕石；有認為宇宙的物種，來自於遺傳……等等，見解紛歧，莫衷一是。而佛教的哲學思想，更認為宇宙生物的物種以及生命的發生，有所謂胎生（在母胎內成體之後才出生的生命）、卵生（在母體內成卵或卵殼之後才出生的生命）、濕生（依靠濕氣而形成的生命）、化生（憑業力而出生的生命）等四種，除了濕生與化生有待進一步探討、研究與考證外，胎生與卵生，則是不爭的事實。

屬於哺乳類的胎生人類，是靈長類動物之一種，依據考古家、自然科學家或生命科學家等權威人士的考證，這萬物之靈的人類，是由猿類的遠祖逐漸逐漸的演化而成……。

但信仰耶穌基督的長老、牧師、信徒、教友們，卻傳布上帝創造了宇宙天地，也創造了亞當、夏娃兩人的形骸，並賦予男女的生命，使其繁衍下一代的子女，因此，人的形骸與生命，是由上帝創造的；這是在民智尚未開明的時代，民間所流傳的神話。

而佛教的生死哲學思想，更開示投胎轉世說，強調眾生往生（死亡）後，其中陰身（靈魂）將再投胎轉世為人……。原來佛教的生死哲學思想，開示人死後，其附著於死體的魂魄，即由七孔出竅，飄遊於死體的周圍，俟死體入殮後，便急急尋覓投胎的宿主，而轉世為人，出生為具有生命的嬰兒……。

人的生命發生，不論是上帝創造說，或者是投胎轉世說，都缺乏科學上的驗證，甚難令人贊同。近代因為生殖學、產科學、醫學、生理學……等自然科學之發達，才促使人瞭解人的生命發生，是由於男女兩性生殖器官的接合，換句話說，是精卵的結合。原來當女性卵巢所排出的卵受精後，受精的卵一方面滑進子宮，並植入子宮壁，另一方面則自行分裂，由一分裂為二，由二分裂為四，由四分裂為八……。依此等比

級數不斷分裂，而形成一個細胞球，細胞球又慢慢的發展成外層細胞與內層細胞，外層細胞最後又發展成臍帶、胎盤與胎囊等附屬構造；內層細胞有一部分則發育為胎兒，胎兒歷經十個月左右的成長，於是脫離母體，出生為有生命的嬰兒。

剛出生的嬰兒，依生理構造之不同，有所謂男女性別之分（其他動物及少數植物之花蕊，亦有雌雄之別）；性別是如何形成的？佛教的生死哲學思想，認為當人往生（死亡）後，其中陰身（靈魂）即脫離死者的軀殼，飄遊於人間四處，急急尋覓投胎的宿主，俟尋妥中意的宿主，即趁其交媾、做愛時，投身宿主的子宮內，如果中陰身喜歡宿主丈夫的魁梧身材、溫柔體貼……則發育成女性；如果中陰身喜歡宿主的嬌美可愛、聰明伶俐……則發育成為男性……，只是如此說法，很難令人相信。唯依遺傳科學家的實驗研究所提出的理論，認為：胎生的人類，其發育成熟男子的精細胞與發育成熟女子的卵細胞，都各有二十三對（46條）染色體，其中有二十二對染色體是男女相同的，只有第二十三對染色體是男女各異，它是決定性別的遺傳因子，所以又稱為性染色體。性染色體的形狀與性質，男女不同，男子的染色體內的兩條性染色體，體積大小不同，性質各異，大者姑且稱為 X，小者姑且稱為 Y，合稱之為 XY 性染色體。而女子的染色體內的兩條性染色體，體積大小相似，性質相同，因此被稱為 XX 性染色體。當男子的精細胞與女子的卵細胞結合時，其卵細胞受精後的性染色體，倘若組合為 XY 的話，則受孕的卵細胞，必發育成長為男性的胎兒；反之，倘若卵細胞受精後的性染色體，呈 XX 組合的話，則其受孕的卵細胞，必發育成長為女性的胎兒。這是遺傳學上最具科學、最具權威、最有貢獻的重大發現，生男或生女，非藥物所能支配，亦非生殖學家所能操控。

宇宙萬物，種類繁多，所有胎生的雌性動物，如何生育雌性（俗稱母的）或雄性（俗稱公的）的寶寶，雖然生命科學家，例如遺傳學家、

255

生殖學家、獸醫師……等等，尚未一一加以研究，但與人類的性染色體組合理論，大致相去不遠。唯一令人深覺驚訝的是，爬蟲類的兩棲動物，例如鱷魚、海龜……等等，在沙灘上產卵後，經相當期間，其所孵化而出的小鱷魚或小海龜，其性別的雌、雄完全取決於孵出時在巢穴的體溫而定，換一句說，倘若某一小鱷魚或某一小海龜，在破蛋殼而孵化時，其在巢穴內的體溫，如果在攝氏 28 度以下，則可孵化出雌性，如果在攝氏 32 度以上，則可孵化出雄性。

創造人類生命的醫學科技，在學者、醫師、研究人員……等等之推動與試驗下，突飛猛進，發展神速，如今，不但已能協助不能生育子女的夫婦，施行人工受孕、體外受精、培育胚胎、創造試管嬰兒……讓他（她）們能如願獲得（產下）子女，延續子代的生命，並且，也能複製胚胎、製造人工子宮、培育幹細胞……等等，使人類的後代，更優質、更健康，且能治療難治的病症。

生命是寶貴的，分娩雖然是一件痛苦事，但孕婦只要能順利產下胎兒，再痛再苦也得忍受。出生的嬰兒，在母親的撫育，父親的協助照顧下，漸漸成長，隨著歲月的輾轉，邁向幼兒期、邁向兒童期、少年期、青年期、成年期……。

人生是可愛的、有意義的、有希望的，雖然你我難免遭遇困境、面臨挫折、飽嚐失敗，但只要勇敢面對，吃苦耐勞、努力奮鬥，終會迎刃而解，改善命運，千萬別想不開、放不下，而自暴自棄、自毀自殺、誤走絕路，辜負了父母的辛苦養育。

二、老

老是指身體的衰老。以人的生命體而言，凡在生長發展期間，身心發生了變化，呈老化或退化現象，或者生命體邁入老年階段，呈現衰老或老邁的現象，皆屬於老的徵象。

　　人的生命體，從有生命開始，即依循自然法則的牽引，不斷的成長、不斷的發育，直至成熟……，而生命體的身體、功能、本能……，也隨著自然法則的牽制，逐漸的衰退、老化……；什麼是老化呢？老化可說是生命體在生長、發育過程中的身心變化，舉例來說吧！

　　一隻凶猛的獅子，為什麼成長到了某個階段，其奔跑、獵獸的求生本能，卻一天比一天減退？

　　一隻體力充沛的公猴，為什麼成長到了某個階段，其駕馭、統治、領導的活力，以及性本能、體力……等，也一天比一天衰退？

　　一隻靈敏的貓頭鷹，為什麼成長到了某個階段，其視力也一天比一天減弱，其捕捉蟲、鼠的本能與活力，也漸漸減退？

　　總括而言，獅子、公猴與其貓頭鷹，不是生病，也不是即將死亡，而是身體組織已老化，其體力、活力、視力、求生能力……等已衰退，所以老化是指身體組織、器官功能的衰退，以及生殖能力、運動能力……等的逐漸減弱現象。

　　以人的生命體而言，當一個身心健康的人，成長到了某個歲數，某個成熟時期，於是，其視力、聽力、腦的記憶力……等，便逐漸的衰退，且身體的皮膚呈粗糙、皺紋、乾燥等現象，這便是老化的徵象。

　　老化從何時開始？迄至今日，學者間仍然各持己見；有的學者認為老化與發展一樣，從嬰兒一有生命即已開始，只是速度緩慢，沒有被發覺而已……；有的學者認為，老化是從生命體的發育成熟後，身心逐漸的改變，以及身體組織功能的逐漸衰退開始；有的學者更認為老化是從生命體邁向老年期之後，才逐漸顯現的身心變化過程；總之，老化從何時開始，學者間仍無一致的見解。

　　人的生命體為什麼會老化呢？學者間的見解仍然不一致；但是，有幾個理論，卻是多數學者所不能反對的。

257

（一）結構理論

　　結構理論認為人體的組織、器官、結構，乃至於細胞，本來就潛伏著老化因子，只要生命體成長到某個階段，或達到某個成熟年齡，老化現象即自然發生。老化現象是基因所造成，基因所發出的訊息，會促使生命體的身體逐漸改變，身體的組織、器官、細胞以及結構性功能，亦隨之老化、衰退（例如婦女的停經、便是老化的現象）。

（二）耗損理論

　　耗損理論認為人體的器官、組織、結構、乃至於細胞，因不斷的、持續的發揮功能，毫無歇息的時刻，故日子一久，難免因缺乏調養，而發生損耗現象，致生命體的功能，亦呈現老化、衰退現象。

（三）自體免疫理論

　　自體免疫理論認為人體隨著年齡的增長，細胞免疫系統發生了缺陷，將自體細胞視為外來物質，而製造出對抗自體細胞的抗體，造成細胞的改變或死亡，導致老化現象。

（四）自由基理論

　　自由基理論認為老化是人體在氧化的過程中，因自由基的不斷產生，造成組織細胞的傷害……；或者人體內不飽和脂肪酸因自由基所引起的過氧化作用，造成老化；或者過氧脂褐質色素（無法代謝的細胞內碎片）堆積，傷害細胞，致造成老化……。

　　人的生命體，其身體的組織、器官、細胞以及肢體的功能、本能，經過老化、退化的過程後，接著逐漸逐漸的邁入年老、衰老的老年期；老年期雖然是由老化演變發展而來，但其身心的變化，遠比老化期為嚴重、顯著。

（一）老年的身體變化

　　老年人的身體變化，包括身體外部的改變與身體內部的改變，是每一個人不可避免的持續發展過程：

1. 身體外部的改變：

　　(1) 皮膚方面：逐漸粗糙、乾枯、起皺紋，像缺乏水分、脂肪似的，已失去光澤及細嫩。

　　(2) 臉部方面：逐漸長黑斑，起皺紋，有眼袋、眼尾紋、嘴邊笑紋、額頭上額紋等等。

　　(3) 頭髮方面：呈現禿頭、或頭髮稀少、或頭髮變白現象、且臉部的雙鬢或嘴唇上下的鬍鬚變白增長。

　　(4) 牙齒方面：呈現鬆動、掉落或腐蛀現象，或全部脫落。

　　(5) 身高方面：減低或呈駝背現象，且少數人腹部凸出。

2. 身體內部的改變

　　(1) 肌肉方面：肌纖維逐漸萎縮、肌肉硬化。

　　(2) 骨骼方面：鈣質流失、骨骼變脆、缺乏彈性，易受外力損害或折斷。

　　(3) 器官方面：心臟、肺臟、肝臟、腎臟等器官，因長久的耗損，易罹病或敗壞而導致死亡。

　　(4) 功能方面：腦部的心智能力、記憶能力減退、眼部的視力減退、耳部的聽力減退、四肢的運動能力減退。

　　(5) 生殖方面：無性能力或性能力減弱。

　　(6) 血管方面：失去彈性，易發生血管硬化。

（二）老年的心理變化

1. 怕失養：即怕子女不孝，不撫養、不濟助。

2. 怕孤獨：即怕無人陪伴、無人關心、孤獨一生。

259

3. 怕多病：即怕生病、多病、拖累子女。

4. 怕早死：即怕死亡太早，無法享受天年。

總之，生命體的老化——年老——衰老的人生旅程，既然人人不能避免，則人人應該泰然面對，不必懼怕死亡之將至；不必因來日不多而恐慌；不必因多病、孤獨、失依而自暴自棄；不必庸人自擾，自殺以了斷生命；人人應該更加珍愛生命，積極的、快樂的、愉悅地去營造圓滿、幸福的晚年生活，使自己的人生，永不留白，永無虛度。

三、病

病是指人的生命體的生病、患病的遭遇；本來人的生命體有了生命的依附，身體才健康、強壯，精神才充沛、飽滿，生存熱能才展現蓬勃朝氣，能頂天立地、行動自如，抗禦外來的病菌、病毒，而呼吸系統亦能正常運作、呼吸，血液系統亦能循環流動，脈搏亦能循規、依序跳動，主宰生命的心臟亦能有規則的輕輕律動……。

不幸，人的生命體仍然是脆弱的、薄弱的、軟弱的……，一旦細菌、病毒或媒介病菌、病毒的蟲、鼠來襲，或不潔食物的汙染，或其他意外事故與緊急災害的襲擊……，人的生命體便容易受害而患病、生病，乃至病倒。

人的生命體，除了身體外部的頭、身軀與四肢外，身體內部還有許多不同系統的器官、組織與細胞，都有可能會生病、患病。人的身體內部有什麼不同系統的器官呢？

1. 泌尿系統：有腎臟、輸尿管、膀胱、尿道等器官。

2. 消化系統：有口腔、咽喉、食道、胃、腸、肝臟等器官。

3. 血液循環系統：有心臟、血管等器官。

4. 呼吸系統：有鼻腔、喉頭、氣管、肺臟等器官。

5. 骨骼肌肉系統：骨骼包括四肢、軀幹、頭顱……等部分的骨頭所組成的骨架；肌肉指保護骨骼與體內器官的橫紋肌、平滑肌及皮膚等所組成的肉體。

6. 造血系統：有肝臟、脾臟、骨髓、胸腺……等。

7. 感官系統：包括視覺、聽覺、嗅覺、味覺、膚覺等器官。

　　人的生命體生病、患病，其病症較輕的，例如身體的發熱，皮膚的出疹、疥癬的感染，有關器官的發炎——例如泌尿器官的發炎、消化器官的發炎（腸胃的疼痛）、呼吸器官的發炎（支氣管或喉頭的發炎、感冒、咳嗽……）、骨骼肌肉系統的受傷……等等；而其病症較重者，例如惡性腫瘤（包括肺癌、肝癌、結腸癌、胃癌、乳癌、子宮頸癌、口腔癌、攝護腺癌、胰臟癌、食道癌、淋巴癌、直腸癌……）、腦血管疾病、心臟疾病、糖尿病、慢性肝病、肝硬化、肺炎、腎病、敗血症、結核病、氣喘、高血壓、事故傷害……等等；病情較輕的病患，只要去醫院門診，經醫師診察、處方，而由醫院藥劑師配藥、給藥，病患如能配合醫師的吩咐按時服藥，過些時日病症自然能痊癒，毋須擔憂病情會轉危、惡化，會面臨死亡之威脅……。而病症嚴重者，千萬不可忌諱看醫生，必須緊急的、積極的去醫院門診，由醫師慎重的臨床診察、診斷，或由醫師操作內視鏡（包括胃鏡、腹腔鏡、大腸鏡、直腸鏡……）、X 光掃描、核磁共振造影、心電圖、X 光斷層攝影、同位素攝影、超音波掃描……等科技儀器，臨床診察、診斷病患的病症、病狀、病情，必要時須緊急手術，或移植器官，或實施化療，或住院實施安寧緩和醫療……；而患病、生病者仍必須遵從醫師、護理師的囑咐、按時服藥、打針或接受化療，使病情緩和、減輕痛苦，或改善症狀……。

　　生命體的有關器官突然生病、患病，對生病、患病的病人來說，是一件很苦惱的事，尤其是重症或難以治癒的癌症，生病者常須經歷長期的治療（例如化療）、接受難以忍受的肉體痛苦和精神折磨，過著生不如死的絕望、悲慘生活。

　　生病或多病，可說是每一個人在人生旅程中必經的黑暗地帶，也是每一個人在生命成長、發展的過程中，常遭遇到的一種生死存亡、取決於自己的挑戰與搏鬥⋯⋯；任何人皆不願自己的生命體，那麼倒楣的遭遇到生病或多病，但也難以倖免；當宇宙間的細菌、病毒感染到自己的肉體而造成種種疾病，患病者總希望在醫院醫師、護理師的悉心治療與照護下，能快快痊癒，快快的恢復身體的健康，快快的脫離死亡的威脅，與家人共享幸福、美滿的生活。但是，病情倘若沒有好轉，或是更加惡化、嚴重，或者醫師已告知所罹患的病症是末期癌症，來日不久，活不過一年，或活不過幾個月，我們相信（或猜想得到），當罹患末期癌症的病患一聽到此一診斷報告，必定會頓感天旋地轉般，心思錯亂，震驚悲嘆，不知如何面對，並抱怨上天不公，偏偏把此一噩運、災難降臨己身⋯⋯；而病情沒有好轉，或者更加惡化、嚴重的病患，也會憂心如焚，寢食難安⋯⋯。

　　罹患癌症的病患，在國內甚為普遍，大多數罹患者都能勇敢的面對事實、面對命運，接受病魔挑戰，與死神抗爭，忍受化療的肉體苦痛，努力掙扎，不畏死亡之將至，而終能戰勝病魔，超越生死者⋯⋯。故罹患癌症並不可悲，只要不被病魔所擊倒，不被死神所折服，生命仍有存活的希望⋯⋯。

四、死

　　死是指人的生命體的死亡、寂滅、或者是生命跡象的消失。生命因為依附人的身體、器官而存活，故生命體的有關器官，例如呼吸器官突

然停止呼吸；心臟器官突然停止心跳，則生命跡象已消失，生命體可能已死亡、寂滅。

　　人的生命體，是生命以及生命所依附的身體、器官、組織與細胞等結合而成；它是由骨骼支撐肉身，由皮膚保護身體的肌肉與器官，由呼吸器官的呼吸氧氣維繫生命體的生命，由心臟的擴張、收縮及血液的循環流動，增強生命體的生命活力，發揮肢體、器官、組織及細胞的功能，並由腦部的中樞神經系統，操控生命體的生命、身體、器官、組織及細胞的正常運作，協調合作，促進生命體的發育、成長與成熟……；自與鋼鐵鑄成的機械人，大不相同；但人的生命體，仍無法永生不死、永恆不滅，存活到幾百年、幾千年……。

　　人的生命體，例如胎兒，自出生後，即不斷的發育、成長、由嬰兒期（自出生後至二歲未滿）、成長至幼兒期（二歲至六歲未滿）、兒童期（六歲至十二歲未滿）、少年期（十二歲至十八歲未滿）、青年期（十五歲至二十四歲未滿）、成年期（二十歲至四十歲未滿）、壯年期（四十歲至六十歲未滿）、迄至老年期（六十歲以上）。老年期的老人，在年老、衰老的階段，身體已衰弱，精神已不振，甚易生病或多病，重病者足以住院接受安寧緩和醫療，或者竟面臨死亡的命運。

　　生命體的死亡，是一件很無奈、很悲慘的大事，任誰都不會如此情願地接受死神的召喚，接受命運的安排，而閉目安詳，快樂的長眠……。當瀕死者即將死亡或在彌留時候，我們想像的出，瀕死者的內心必定十分痛苦、十分不捨、十分哀怨，對身旁陪伴的家人、親友總有一份依依難捨之情……，更不知自己往生（死亡）後，是否真能上天堂或極樂世界，與先父、先母或其他先前死亡的親友相見、相聚？生命的存活期限是如此短暫，當瀕死者死亡徵象一一呈現，便叫也叫不醒，推也推不動，身體僵硬了，手腳冰冷了，只待家人、親友的憑弔、哀悼與追憶……。

　　死亡者的死亡徵象，一般來說，有下列幾種情形，必須謹慎檢視，以免誤斷、誤判：

1. 腦幹已失去生命跡象、已死滅（腦幹因位於腦內，必須使用腦電波儀器鑑定，凡腦電波呈現平直線即已死亡）。

2. 眼睛的瞳孔擴大、固定，對光失去反應。

3. 呼吸器官的呼吸停止，鼻孔前沒有呼吸的氣息（可以伸出手指置於鼻孔前測試）。

4. 心臟的律動、血液的循環、脈搏的跳動均停止（按身體的心臟部位及手腕的脈搏部位，即可感知）。

5. 深沉的昏睡，叫喚及搖動均不醒。

6. 對體外的刺激沒有感覺，身體僵硬、冰涼……。

　　生命體的死亡，有時候還可以藉急救方法，將死者從鬼門關救回來，例如對於溺水暴斃者，只要在有效時間內，施行口對口人工呼吸，或運用兩手掌不斷按壓暴斃者的胸部，或許可以將其救醒、救活。而對於罹患嚴重傷病致死的病患，也可以在有效的時間內，緊急施行心肺復甦術，將死去的病患救活過來……。所謂心肺復甦術，包括 1.施予氣管內插管；2.施行體外心臟按壓；3.施行急救藥物注射；4.施行心臟電擊；5.施行心臟人工調頻；6.施行人工呼吸；7.其他緊急救治行為。

　　失去生命跡象的病患或苦主，雖然僥倖的從鬼門關被救回來，但過些時日，難免會再面臨死亡，所以死亡畢竟是每一個生命體必然會遭遇到的人生最大憾事——生命終站與歸宿。死亡既是人人無法逃脫，人人無法倖免的遺憾大事，則你我毋須因此垂頭喪氣，擔心死亡之日會提早來臨。

人生是可愛的，世間是值得留戀的，自己的生命自己珍惜，自己的命運自己掌控，自己的生活自己規劃，但死亡一事，總是令人難以釋懷；譬如迄至今日，自殺死亡者，仍不斷發生，令人感嘆；罹患重病或急症而死亡者，亦時有所聞，令人同情；遭遇意外事故或災害（例如車禍、地震、水災、火災……等）而死亡者，亦常見媒體報導，令人惋惜；但願你我善自珍惜此生生命，好好經營自己的人生，讓病魔不能纏身，意外事故或災害不能近身，而能安詳、無憾地走完人生最後旅程。

五、結　語

人生的旅程——生、老、病、死，是你我不能不關切的問題。這生——老——死，是每一個人必經歷的人生流程，受著自然法則的牽引，誰也不能避免……；而這病，則是每一個人常遭遇到的生命挫折、變故或面臨死亡之威脅，受著命運的牽制，誰也不能例外；但願你我不虛度此生，活得有意義、有價值、有未來、有希望……，不擔憂老之將至；不畏怯時日之不多，安然的、愉快的去追尋美好的人生。

265

建│議│參│考│書│目

尉遲淦主編，生死學概論，五南圖書公司。

林綺雲主編，生死學，洪葉文化事業公司。

呂應鐘著，現代生死學，新文京開發出版公司。

周慶華著，死亡學，五南圖書公司。

傅偉勳著，死亡的尊嚴與生命的尊嚴，正中書局。

鄭振煌譯，西藏生死書，張老師文化事業公司。

陶在樸著，理論生死學，五南圖書公司。

商戈令譯，死亡的意義，正中書局。

馮滬祥著，中西生死哲學，博揚文化事業公司。

劉震鐘、鄧博仁譯，死亡心理學，五南圖書公司。

王士峰主編，生命教育與管理，水星文化事業。

林思伶主編，生命教育的理論與實務，寰宇出版公司。

仇萬煜、左蘭芬譯，生命是什麼，貓頭鷹書坊。

楊植勝等譯，生死的抉擇，榆林書店有限公司。

魏德驥等譯，解構死亡，榆林書店有限公司。

陳瑞麟等譯，今生今世，榆林書店有限公司。

陳瑞麟等譯，生死一瞬間，榆林書店有限公司。

江麗美譯，生與死，榆林書店有限公司。

林雪婷譯，生命的終結，東大圖書公司。

孟汶靜譯，透視死亡，東大圖書公司。

郭敏俊譯，無生死之道，東大圖書公司。

闞正宗譯，凝視死亡之心，東大圖書公司。

王麗香譯，死亡的真諦，東大圖書公司。

長安靜美譯，死亡的科學，東大圖書公司。

吳村山譯，輪迴與轉生，東大圖書公司。

何月華譯，生與死的關照，東大圖書公司。

長安靜美譯，從容自在老與死，東大圖書公司。

方蕙玲譯，宗教的死亡藝術，東大圖書公司。

孟汶靜譯，美國人與自殺，東大圖書公司。

陳正國譯，生與死的雙重變奏，東大圖書公司。

郭敏俊譯，看待死亡的心與佛教，東大圖書公司。

張淑美著，死亡學與死亡教育，復文書局。

黃天中著，死亡教育概論，業強出版社。

李開敏等譯，悲傷輔導與悲傷治療，心理出版社。

安寧照顧會訊，財團法人中華民國安寧照顧基金會。

※有關生死學方面得以參考的書籍甚多，不擬一一列舉。

MEMO

MEMO

MEMO

MEMO

國家圖書館出版品預行編目資料

生死學概論 / 劉作揖編著. -- 四版. -- 新北市：
　新文京開發, 2020.05
　　面；　公分

　ISBN　978-986-430-553-7（平裝）

　1.生死學

197　　　　　　　　　　　　　109006848

生死學概論（第四版）　　　　　（書號：E150e4）

編　著　者	劉作揖
出　版　者	新文京開發出版股份有限公司
地　　　址	新北市中和區中山路二段 362 號 9 樓
電　　　話	(02) 2244-8188（代表號）
F　A　X	(02) 2244-8189
郵　　　撥	1958730-2
初　　　版	西元 2003 年 07 月 30 日
二　　　版	西元 2007 年 05 月 10 日
三　　　版	西元 2014 年 01 月 02 日
四　　　版	西元 2020 年 06 月 20 日

New Wun Ching Developmental Publishing Co., Ltd.

New Age · New Choice · The Best Selected Educational Publications — NEW WCDP

新文京開發出版股份有限公司

新世紀 · 新視野 · 新文京 ─ 精選教科書 · 考試用書 · 專業參考書